AFFERMAGE DES CANAUX

DU

CENTRE DE LA FRANCE.

LETTRE A M. A. FOULD, MINISTRE DES FINANCES;

SUIVIE D'UNE

NOTE A L'APPUI DE LA SOUMISSION POUR LE FERMAGE

DES CANAUX DU CENTRE.

PARIS,
IMPRIMERIE ET LIBRAIRIE ADMINISTRATIVES DE PAUL DUPONT,
RUE DE GRENELLE-SAINT-HONORÉ, 55.

1850

AFFERMAGE DES CANAUX

DU

CENTRE DE LA FRANCE.

LETTRE A M. A. FOULD, MINISTRE DES FINANCES;

SUIVIE D'UNE

NOTE A L'APPUI DE LA SOUMISSION POUR LE FERMAGE

DES CANAUX DU CENTRE.

PARIS,

IMPRIMERIE ET LIBRAIRIE ADMINISTRATIVES DE PAUL DUPONT,

RUE DE GRENELLE-SAINT-HONORÉ, 55.

1850

TABLE DES MATIÈRES.

FIN DE LA TABLE DES MATIÈRES.

AFFERMAGE DES CANAUX

DU CENTRE DE LA FRANCE.

Lettre à M. A. Fould, Ministre des finances.

Monsieur le Ministre,

Une Compagnie s'est présentée à votre Administration, au nom des porteurs des actions de jouissance des Canaux concédés en 1822, et du Canal du Rhône au Rhin, pour affermer la totalité de ces Canaux, en y joignant le Canal du Centre, qui appartient à l'État.

Une telle demande était de nature à inquiéter vivement le commerce et l'industrie; les Canaux qu'il s'agirait d'affermer, et dont la longueur n'est pas de moins de 1968 kilomètres, desservent en effet quelques-unes des parties les plus industrieuses et les plus commerçantes du pays.

Ces inquiétudes sont devenues plus vives encore par les renseignements que nous avons pu recueillir sur la proposition de la Compagnie Générale d'affermage, sur son organisation, sur l'élévation et les combinaisons de son tarif, sur la réserve formelle qu'elle aurait faite de demeurer seule maîtresse d'établir des taxes différentielles, et enfin sur l'intention où elle serait de faire de la batellerie sans le contrepoids d'un tarif de fret, ce qui achèverait de mettre dans ses mains la disposition pleine et entière de toutes nos industries.

Dans une telle situation, il nous était impérieusement prescrit d'agir, sous peine de déserter tous les intérêts qui nous sont confiés, et si nous n'avions eu qu'à obéir au sentiment de ces intérêts et aux convictions économiques de la majorité, si ce n'est de l'unanimité, d'entre nous, nous n'aurions pas hésité un moment sur la marche à suivre, et nous aurions combattu la pensée même du fermage des Canaux.

Mais nous ne trouvions pas le terrain libre. En présence des difficultés sans cesse renaissantes que lui opposent les actions de jouissance, en présence surtout des nécessités financières, le Gouvernement paraît vouloir dénouer la situation par le fermage des Canaux. Il était donc de notre devoir et de notre intérêt de discuter la proposition faite au Gouvernement, du moment qu'il n'en repoussait pas le principe.

Avant de vous soumettre, Monsieur le Ministre, le résultat de notre examen, permettez-nous de vous dire en peu de mots pourquoi nous serions disposés à défendre le maintien des grandes lignes de navigation dans les mains de l'État.

C'est, d'abord, parce que c'est l'état de choses actuel, et que si nous savons comment ont pu en souffrir quelquefois le commerce et l'industrie, nous savons aussi comment et combien il leur a été profitable.

En effet, dans le système suivi jusqu'ici, et malgré les obstacles que les actions de jouissance ont trop souvent apportés au désir de l'Administration de développer la circulation des Canaux par le bon marché des tarifs, le Gouvernement, s'il n'a pas pu faire tout ce qui lui eût paru bon, a pu cependant faire prévaloir sa volonté dans quelques occasions importantes, et cette volonté s'est toujours montrée libérale à l'égard du commerce. Lorsque l'Administration a réglé, dans son indépendance, les tarifs des Canaux qui lui appartiennent, elle l'a généralement fait avec une libéralité qui ne peut laisser de doute sur le point de vue duquel l'État envisage ces questions.

Il n'existe pas pour l'agriculture, c'est-à-dire pour ce qu'il y a de plus important en France, un plus fécond agent de progrès que les transports à bon marché; il n'existe pas de moyen plus énergique et plus sûr de développer l'industrie, surtout la grande industrie, celle qui est encore le plus en arrière des pays voisins. L'Etat, en faisant intervenir dans les Canaux un autre intérêt et un autre pouvoir que le sien, en substituant l'action de l'intérêt privé à la sienne, ne peut-il pas craindre de se créer des obstacles pour l'avenir dans le développement de ses efforts pour les progrès de la richesse publique ?

Les Chemins de fer, sans doute, sont appelés à rendre à l'industrie de grands services ; toutefois, il est facile de s'assurer qu'ils ne se font transporteurs de marchandises à bon marché que là où ils rencontrent de sérieuses concurrences de Canaux ou de Chemins de fer. La comparaison de ce qui se passe à cet égard sur les Chemins de fer du Nord, de Rouen, d'Orléans à Tours d'une part, et sur les Chemins de fer d'Orléans et du Centre de l'autre, est complétement démonstrative à cet égard.

N'eût-il donc pas été à désirer qu'en conservant la libre disposition des Canaux, le Gouvernement pût protéger plus sûrement le commerce contre les exigences possibles des Chemins de fer?

Enfin (et cette considération implique et domine toutes les autres) l'Etat, comme administrateur des Canaux, y peut et doit sans doute chercher des revenus; mais comme il ne les y cherche qu'au nom de l'intérêt général, tous les autres points de vue d'où cet intérêt veut être envisagé lui demeurent présents. L'État n'oublie jamais que la taxe doit être assez modérée pour permettre le maximum de circulation, et que le point où elle doit s'arrêter est celui où elle devient un obstacle.

Nous n'insisterons pas davantage sur ces considérations que nous commandait la fidélité à des opinions déjà anciennes chez plusieurs d'entre nous. Nous devons maintenant, Monsieur le Ministre, vous entretenir de la proposition de la Compagnie Générale. Nous le ferons ici en peu de mots.

Un vaste réseau tendu sur le pays, mettant la main d'une seule Compagnie sur deux des lignes de transport les plus importantes de France, celle de la Bourgogne et celle du Bourbonnais; détruisant toutes les combinaisons de concurrence de canaux et de chemins de fer pour lesquelles l'Etat et le public ont fait et continuent des sacrifices qui s'élèveront bientôt à un milliard; réunissant des voies de communication qui sont précisément faites pour ne pas l'être; confondant des intérêts essentiellement contraires; constituant une association vraiment formidable, et qui pèserait avec tant de puissance sur plusieurs des points principaux du territoire que tout devrait bientôt fléchir devant elle; laissant le Gouvernement désarmé des garanties qu'a constituées la loi du 29 mai 1845 pour le rachat des actions de jouissance; le laissant aussi sans puissance, sans contrôle, sur les tarifs qui sont la seule source des revenus qu'on lui demande de garantir; complétement étrangère à tout intérêt commercial et industriel; conçue en vue d'une spéculation qui ne se lie en rien à la bonne administration des Canaux; n'ayant point d'autre intérêt qu'un intérêt purement financier avec tous les dangers de ces sortes d'organisations qui ne procèdent, en général, que d'intérêts engagés ailleurs, et avec lesquels il peut s'établir des complications ou des alliances dommageables aux intérêts publics; réclamant des tarifs élevés, plus élevés que les tarifs actuellement perçus; demandant enfin la faculté d'établir des taxes différentielles, faculté qui peut présenter des inconvénients si grands, qu'une commission de l'Assemblée législative vient de proposer de l'interdire;

Telle est, Monsieur le Ministre, la proposition qui vous est faite, et si vous voulez bien jeter les yeux sur le travail joint à cette Note, nous avons la ferme conviction que vous reconnaîtrez qu'en la caractérisant comme nous venons de le faire, nous sommes restés dans la stricte et pure vérité.

Nous n'avons pas cru devoir nous borner à la critique de cette proposition; du moment surtout que notre conclusion tendait à un rejet absolu, nous avons considéré comme étant de notre devoir d'entrer dans les vues du Gouvernement, s'il continuait de vouloir en principe le fermage des Canaux, et de rechercher une combinaison praticable, rationnelle, qui pût satisfaire à la fois aux désirs de l'État et aux intérêts publics.

Nos recherches nous ont convaincus que le fermage fractionné des Canaux pouvait seul fournir cette solution :

A la place d'une spéculation et d'une organisation purement financières, démesurées et sans raison utile d'existence, mettre des compagnies purement commerciales et industrielles, suffisamment fortes et suffisamment limitées ;

Grouper les Canaux suivant les données naturelles;

Mettre en des mains diverses les grandes lignes qui ont été créées dans un but de concurrence;

Assurer aux Canaux, par des tarifs bien conçus, de grandes circulations de marchandises que les chemins de fer ne pourront plus, dès lors, leur enlever ;

Conserver toutes les situations, toutes les concurrences naturelles ;

Interdire toutes les coalitions ;

Appeler dans l'administration des Canaux ceux qui contribuent le plus à leurs recettes;

Garder au Gouvernement sa part d'action sur les tarifs; part à laquelle il a droit à tous égards, et surtout comme garant des revenus ;

Appeler, sur toutes les exceptions à consentir dans les perceptions, la publicité, l'enquête, le contrôle, et, finalement, l'assentiment de l'administration ;

Maintenir enfin, dans son esprit et dans son texte, la loi du 29 mai 1845, et toutes les garanties dont elle a voulu armer l'État;

Telles sont les données générales du plan que nous avons l'honneur de vous soumettre, et que, afin de le rendre plus saisissable, nous avons formulé en une soumission pour le fermage des Canaux du Centre, soumission à laquelle nous sommes tout disposés à donner suite.

Nous soumettons avec confiance cette combinaison à vos lumières, Monsieur le Ministre; car, sauf le rachat, par l'Etat, des actions de jouissance, et l'administration par lui des Canaux, nous y voyons la seule solution pratique d'une situation qu'il faut absolument dénouer aujourd'hui.

Si donc cette combinaison vous agrée, et que vous nous autorisiez à la suivre, nous vous demanderons peu de temps pour convertir ce projet en une proposition formelle.

Dès aujourd'hui, au surplus, il nous importe de déclarer expressément que ce n'est pas ici une spéculation qui nous attire. Le fermage des Canaux du Centre n'ouvre pas de grandes perspectives financières; d'ailleurs, les exploitations que nous conduisons suffisent à nos ambitions; mais il y a dans la manière dont les Canaux du Centre seront administrés et tarifés une question de vie ou de mort pour ces exploitations; nous ne sommes donc pas libres de rester indifférents dans cette question. C'est pourquoi, si la base de notre projet vous paraît acceptable, nous tenterons, sans esprit d'exclusion, sans esprit d'envahissement, mais sérieusement et résolument, de constituer une Compagnie fermière des Canaux du Centre.

Après cette déclaration, que votre loyauté, Monsieur le Ministre, appréciera, nous nous mettons à vos ordres pour entrer avec vous dans la discussion du fond et des détails de notre projet.

Nous joignons à cette lettre :

1° Une Note détaillée sur la proposition de la Compagnie Générale et sur notre projet.

2° Un Projet de soumission et de tarif pour les Canaux du Centre.

Nous avons l'honneur d'être, avec les sentiments d'une respectueuse considération,

Monsieur le Ministre,

Vos très-humbles et obéissants serviteurs.

BOIGUES ET Cie	Forges de Fourchambaut; Hauts-fourneaux et fonderie de Torteron; Hauts-fourneaux de la Guerche, Feuillarde et le Chantay; Mines de fer de Fueillarde, le Fournay, Dun-le-Roi.
BOUGUERET MARTENOT ET Cie.	Hauts-fourneauxet forges de Commentry; Hauts-fourneaux de Montluçon; Hauts-fourneaux et forges de Tronçais; Mines de fer de la Chapelle, Dun-le-Roi, Bézenet; Mine de houille de Bézenet.
CHAGOT ET Cie	Mine de houille de Blanzy; Mine de houille de la Theurée-Maillot; Mines de houille de Badeau et la Valteuse; Mines de houille des Crépins, Saint-Bérain et Saint-Léger.
RAMBOURG frères	Mine de houille de Commentry; Chemin de fer de Commentry à Montluçon;
SCHNEIDER ET Cie	Mine de houille du Creusot; Hauts-fourneaux et forges du Creusot; Ateliers de construction du Creusot; Concession de mines de fer de Chalencey, Chemin de fer du Creusot au Canal du Centre.

Paris, Paul Dupont.

NOTE

A L'APPUI

DE LA SOUMISSION POUR LE FERMAGE

DES CANAUX DU CENTRE.

Cette Note est divisée en deux parties.

La première comprend la discussion de la proposition de la Compagnie Générale des porteurs des actions de jouissance des Canaux pour lesquels il a été fait des emprunts en 1822 et du Canal du Rhône au Rhin, dont l'emprunt remonte à 1821.

La seconde comprend la discussion du projet de fermage des quatre Canaux du Centre.

PREMIÈRE PARTIE.

PROPOSITION DE LA COMPAGNIE GÉNÉRALE.

Exposé de la proposition.

La Compagnie demande à l'Etat d'affermer :

Canal		Propriétaire
1° *Le Canal de Bourgogne*		Compagnie du Canal de Bourgogne.
2° *Le Canal du Rhône au Rhin*		Compagnie du Canal du Rhône au Rhin.
3° *Le Canal du Berry*		Compagnie des quatre Canaux.
4° *Le Canal du Nivernais*		Compagnie des quatre Canaux.
5° *Le Canal Latéral à la Loire*		Compagnie des quatre Canaux.
6° *Le Canal d'Ile et Rance*	Canaux de Bretagne.	Compagnie des quatre Canaux.
7° *Le Canal de Nantes à Brest.*	Canaux de Bretagne.	Compagnie des quatre Canaux.
8° *Le Canal du Blavet*	Canaux de Bretagne.	Compagnie des quatre Canaux.
9° *Le Canal d'Arles à Bouc*		Compagnie du Canal d'Arles à Bouc.
10° *Le Canal du Centre*		Propriété de l'État.

Conditions principales du fermage.

Les neuf premiers de ces Canaux sont grevés d'actions de jouissance.

Les conditions principales du fermage sont les suivantes :

Le fermage serait de soixante ans.

La Compagnie fournirait 20 millions dans un délai de dix ans pour améliorer les Canaux, et 20 autres millions pour les achever, dans un autre délai de vingt ans.

L'Etat devrait, de son côté, dépenser 20 millions en dix ans, outre les fonds ordinaires d'entretien, sur la Haute-Saône, la Haute-Seine et l'Yonne.

La Compagnie se chargerait de racheter les actions de jouissance afférentes aux Canaux précités.

L'Etat garantirait à la Compagnie 5 p. 0/0 d'intérêt et 1 p. 0/0 d'amortissement des fonds employés par elle au rachat des actions de jouissance, et à l'achèvement des Canaux.

La Compagnie serait autorisée à percevoir le tarif annexé à sa soumission, et qui comprend des taxes de 1 centime à 5 centimes par kilomètre. Elle serait maîtresse de faire toutes les réductions qu'elle jugerait utiles à ses intérêts et d'établir, dans les limites maximum de son tarif, toutes taxes différentielles à sa convenance.

Elle serait autorisée à avoir un fonds de roulement de 10 millions; les renseignements qui ont été pris ont établi que ce fonds de roulement était destiné à faire de la batellerie.

Après que les fonds employés par la Compagnie aux divers usages qui viennent d'être indiqués auraient reçu 6 p. 0/0, l'Etat aurait droit à la moitié des produits nets. Toutefois, pendant les quinze premières années, la Compagnie aurait droit à la totalité des produits.

Cette proposition présente, selon ses auteurs, les avantages suivants :

Avantages attribués à la proposition.

1° La situation créée au Gouvernement et aux Compagnies par les combinaisons des lois de 1821 et de 1822 est mauvaise et ne peut durer plus longtemps. Des malentendus fâcheux, des tiraillements sans fin ont signalé cette association mal faite de l'Etat et des particuliers, et tout le monde en désirait le terme; mais les trois Compagnies entre lesquelles se partagent les actions de jouissance de 1822 et celles du

Canal du Rhône au Rhin n'avaient pas des intérêts semblables; il a fallu de pénibles efforts pour les rapprocher; c'est à force de temps et de persévérance qu'on est parvenu à les réunir, à les associer dans une même pensée, celle du fermage général, et aujourd'hui, l'Etat, par une combinaison de la plus parfaite simplicité, peut, d'un seul coup, au moyen d'une seule et même convention, sortir de ce dédale de difficultés que lui ont créé, depuis nombre d'années, la multiplicité et la divergence des intérêts.

2° La réunion de tous ces Canaux dans une seule main, sous une seule administration, leur assure l'économie de frais généraux qui résulte de la simplification des rouages; elle leur assure aussi tous les développements qu'on doit attendre d'une Compagnie puissante, fortement organisée, qui peut y créer une grande batellerie. Cette Compagnie, agissant sur de grandes masses, peut faire des concessions qui seraient impossibles à des associations moins fortes, voir de plus haut les vrais intérêts du commerce, et, par des sacrifices de tarifs faits à propos et aussi par le puissant moyen des taxes différentielles, faciliter aux produits les plus éloignés leur arrivage sur les marchés importants, et aller même jusqu'à réparer les inégalités de position.

Faits généraux relatifs aux emprunts de 1821 et 1822.

Avant d'examiner ces différents points, il est nécessaire de rappeler sommairement les principaux faits relatifs à la formation des Compagnies de Canaux de 1821 et 1822.

Emprunt pour le Canal du Rhône au Rhin.

En 1821, le Gouvernement, voulant achever le Canal du Rhône au Rhin, fit un emprunt de 10 millions à une Compagnie. Une loi rendue le 5 août 1821 disposa que l'Etat garantirait le remboursement de cette somme de 10 millions, et en payerait l'intérêt. Les produits du Canal étaient affectés à ces remboursements, sauf la garantie du trésor, qui s'obligeait à parfaire l'annuité nécessaire pour le payement des intérêts et l'amortissement. Il était stipulé, 1° qu'une fois l'emprunt amorti, la Compagnie et l'Etat partageraient pendant quatre-vingt-dix-neuf ans les produits nets du Canal ; 2° que le tarif annexé à la loi ne pourrait être modifié, dès la mise en navigation du Canal, que du consentement de l'Etat et de la Compagnie.

Emprunt pour les autres Canaux.

En 1822, le Gouvernement, voulant achever les Canaux de Bourgogne, d'Arles à Bouc, du Nivernais, du Berry, Latéral à la Loire et de Bretagne, emprunta à trois Compagnies 98,500,000 francs.

Les prêteurs de ces diverses sommes obtinrent les mêmes conditions générales que les prêteurs pour le Canal du Rhône au Rhin. Seulement, on ne leur accorda le partage des produits que pour quarante ans.

Formation de sociétés anonymes.

A la suite de ces divers prêts, quatre Compagnies se constituèrent sous la raison anonyme, savoir :

La Compagnie du Canal du Rhône au Rhin, au capital de	10,000,000 fr.
La Compagnie du Canal de Bourgogne	25,000,000
La Compagnie du Canal d'Arles à Bouc	5,500,000
La Compagnie dite des *quatre Canaux* (Canal du Berry, Canal Latéral à la Loire, Canal du Nivernais, et Canaux de Bretagne), au capital de	68,000,000
	108,500,000

(Voir *l'annexe* n° 1.)

Actions de capital.

Ces Compagnies émirent des actions de capital ; ces actions, qui représentent exactement et seulement le capital émis, sont considérées comme des effets publics ; elles ont droit, en effet, à un intérêt et à un amortissement payés par l'Etat, et n'ont droit à aucune des éventualités des produits des Canaux.

Actions de jouissance.

Ces éventualités des produits des Canaux, qui consistent dans la moitié du produit net des Canaux, après l'entier amortissement des actions de capital, ont été représentées par des actions de jouissance.

Les actions de capital de la Compagnie du Rhône au Rhin seront entièrement amorties en 1858 ; celles du Canal de Bourgogne, en 1868 ; celles du Canal d'Arles à Bouc, en 1864, et celles de la Compagnie des *quatre Canaux*, en 1865, en 1866 et 1867.

Il y a dix mille actions de jouissance pour le Canal du Rhône au Rhin; vingt-sept mille deux cents pour le Canal de Bourgogne; cinq mille cinq cents pour le Canal d'Arles à Bouc, et soixante-huit mille pour la Compagnie des *quatre Canaux*.

Les actions de jouissance de tous les Canaux ci-dessus ne représentent donc, en définitive, qu'une éventualité, et une éventualité très-éloignée; mais ces actions ont, dès à présent, un droit acquis, c'est celui de discuter avec le Gouvernement les tarifs des Canaux.

Résultats de ces combinaisons financières.

Toutes ces combinaisons financières sont, sans doute, très-singulières et fort éloignées de celles où l'expérience et de plus justes notions d'économie publique ont amené depuis et le Gouvernement et le public en matière d'exécution des voies de communication.

Il est difficile de comprendre aujourd'hui comment l'Etat, pour obtenir un prêt à un peu meilleur marché, a pu consentir à se mettre sous le contrôle de Compagnies particulières pour l'exécution des travaux, tandis que c'est évidemment le rôle contraire qui lui appartient. Aux Compagnies, à exécuter; à l'Etat, à contrôler l'exécution.

Il est également difficile de comprendre cette combinaison qui arme le Gouvernement et la Compagnie de pouvoirs égaux pour le règlement des tarifs, lorsque l'intérêt de la Compagnie est si éventuel et si éloigné.

Lutte entre l'État et les Compagnies.

Cette association de l'Etat et de ses prêteurs était donc mal faite; elle ne pouvait produire de bons résultats, et en a produit de mauvais. Dès le principe, des luttes ont éclaté entre l'Etat et les Compagnies; des mécomptes ont eu lieu dans les devis, dans le temps jugé nécessaire pour mener à fin les Canaux; de là, de premières discussions, qui n'ont pas tardé à s'envenimer. Puis, lorsque les Canaux ont pu être livrés à la navigation, un examen plus attentif des tarifs a montré qu'ils étaient si élevés, que, pour la plupart des marchandises, ils étaient à peu près prohibitifs. Le gouvernement a jugé qu'il était indispensable de les réduire; les Compagnies y ont montré de l'opposition. Elles ont soutenu, à ce qu'il paraît, que leur droit allait jusqu'à se refuser aux réductions voulues par l'Etat pendant le temps même où le produit des Canaux appartenait tout entier à l'Etat, c'est-à-dire, pendant le temps nécessaire pour l'amortissement du capital prêté. Le Gouvernement s'est cru, dans quelques circonstances, obligé à ne pas admettre cette prétention; c'est ainsi que, pour le Canal du Rhône au Rhin, le Gouvernement, en **1841**, a réduit les tarifs contre l'opinion formellement exprimée de la Compagnie; c'est encore ainsi que, le **23** mars **1845**, les tarifs des Canaux compris sous la dénomination des *quatre Canaux* ont été réduits sans la participation de la Compagnie.

Loi du 29 mai 1845 pour le rachat des actions de jouissance.

Enfin, en **1845**, le Gouvernement, voulant en finir avec une position qui ne lui semblait plus acceptable, a proposé, et les Chambres ont adopté une loi qui donne au Gouvernement le droit d'exproprier les actions de jouissance. Cette loi est en date du **29** mai **1845**. (*Annexe* n° **2**.)

Examen général de la proposition.

Tels sont les faits jusqu'à ce jour, et maintenant est-il vrai de dire qu'en se présentant réunis pour prendre ensemble le fermage des Canaux précités, les porteurs des actions de jouissance ont accompli une œuvre presqu'impossible, et que cette union détruit, d'un seul coup, toutes les difficultés qui ont causé tant d'ennuis à l'administration (1)?

Il n'importe pas à l'État que les porteurs des actions de jouissance soient associés.

Si la loi du **29** mai **1845** n'existait pas, sans doute c'eût été une œuvre vraiment méritoire que celle d'avoir réuni les porteurs des actions de jouissance dans une même volonté et pour un même but; une pareille entente eût, assurément, été très-agréable à l'Etat en **1844**; mais aujourd'hui, elle n'a pas l'ombre d'intérêt pour lui.

Qu'importe à l'Etat que les porteurs des actions de jouissance des différentes Compagnies se soient entendus entre eux pour s'adresser à lui? Serait-ce qu'il y a quelque utilité dans cette association pour l'opération même du rachat, pour faciliter ou abréger les formalités de l'expropriation?

C'est contraire à la loi.

Pas le moins du monde; non-seulement il y n'a nulle utilité à cela, mais c'est formellement et précisément contraire à la loi de **1845**.

---

(1) En fait, cette prétention n'est pas fondée, car elle n'est pas exacte; toutes les actions de jouissance créées par les lois de 1821 et de 1822 ne sont pas ralliées par la combinaison de la Compagnie Générale. Les actions de jouissance des Canaux de la Somme, des Ardennes, de l'Oise, dont la réunion forme la Compagnie dite des *trois Canaux*, ne sont pas entrées dans cette combinaison.

Cette loi veut, en effet (art. 1er et 2), que le rachat des actions de jouissance soit imposé à *chaque Compagnie* par des *lois spéciales*, qu'un tribunal *spécial* (art. 2 et suivants) prononce pour *chaque Compagnie*, et qu'enfin ce soient des lois *spéciales* (art. 7 et 8) qui fixent, pour *chaque Compagnie*, le mode de payement et qui règlent les effets de l'expropriation.

On n'offre rien à l'État qui ne puisse être offert par tout le monde.

A quoi sert donc la réunion en un seul groupe de quatre des groupes des porteurs des actions de jouissance?

Viennent-ils dire à l'Etat : « Nous sommes porteurs de titres qui nous « donnent dans neuf ans (Canal du Rhône au Rhin), et dans seize, dix- « sept et dix-huit ans (les autres Canaux), droit à la moitié des recettes « nettes des Canaux pendant un certain temps. A la place de ce partage, « que nous devons encore attendre si longtemps, substituez un partage « immédiat et dans une plus faible proportion, et pour que nous soyons « sûrs de la meilleure administration possible, dans le sens de nos inté- « rêts, de ces Canaux sur lesquels nous avons un droit si important, af- « fermez-les nous. Nous avions des titres éventuels sur les Canaux; ils « resteront éventuels encore; ils ne vaudront que ce que vaudront les « Canaux; tout ce qu'il s'agit de régler entre nous, c'est la diminution « que nous devons subir pour le rapprochement de nos jouissances. »

Si les porteurs des actions de jouissance tenaient un tel langage, cela ne détruirait pas sans doute les inconvénients attachés au fond même de leur proposition, et que nous signalerons tout à l'heure; mais cela du moins leur donnerait le droit de dire que leur proposition est simple et atteste, de leur part, de grands efforts et une habileté réelle pour avoir ainsi mis d'accord des intérêts très-peu identiques.

Les porteurs des actions de jouissance n'ont pas de titres particuliers à cet égard.

Mais tel n'est pas le langage tenu; ce qu'offrent les porteurs des actions de jouissance, ils n'ont pas plus de titres pour le proposer que le premier venu. Ils disent à l'Etat : « Mettez-nous à votre lieu et place pour « racheter les actions de jouissance, et tous les fonds employés à ce « rachat auront le droit de prélever 6 % sur les recettes des Canaux « avant que vous y puissiez rien prétendre vous-même; bien plus, vous « nous garantirez ces 6 %. »

Telle est l'offre faite, et encore un coup, toute personne présentant des garanties suffisantes a absolument le même droit que les porteurs des actions de jouissance pour faire une telle offre.

Il ne reste donc rien de cette œuvre représentée comme si laborieuse et si utile de la réunion en un seul groupe des porteurs des actions de jouissance. En ce qui touche à l'expropriation et à l'appréciation des valeurs, cette association est contraire au texte comme à l'esprit de la loi; en ce qui touche au mode de rachat, ils n'offrent rien que tout le monde n'ait autant de titres qu'eux à offrir.

Y a-t-il avantage à affermer les dix Canaux à une seule Compagnie?

Examinons maintenant s'il y a un intérêt réel à concentrer en une seule main tous les Canaux que demande la Compagnie Générale, et si cette association présenterait les avantages qu'on lui attribue.

Il s'agit de la moitié des Canaux de France.

La longueur totale des Canaux terminés en France est, en ce moment, de 3,700 kilomètres. Les dix Canaux qu'il s'agit d'affermer ont une longueur de 1,968 kil. (*annexe* 1), en sorte que la prétention de la Compagnie Générale n'est rien moins que de réunir en une seule main la moitié des Canaux de France.

Et de plus de 700 millions.

Ces Canaux, y compris les intérêts des fonds, ont coûté près de 480 millions (1), et il en faut 40 pour les terminer. Le perfectionnement des rivières qui y aboutissent a coûté plus de 150 millions, et en demande encore plus de 50.

Quel motif sérieux l'Etat peut-il avoir de faire à une seule Compagnie une aussi énorme concession, et quels titres sérieux cette Compagnie a-t-elle à produire pour viser aussi haut?

La perspective d'une économie dans les frais généraux est puérile.

Dans une question aussi considérable, la perspective d'une certaine économie à obtenir dans les frais généraux, par la réunion de tant de Canaux en une seule main, cette perspective, disons-nous, serait vraiment puérile. Si telle était la raison de décider, pourquoi les porteurs des

(1) Les Canaux ont coûté en capital 266 millions (*annexe* 1), savoir : avant 1821, 59 millions pour lesquels il y a à compter, en ne faisant remonter la dépense qu'à cette époque, vingt-trois ans d'intérêts; depuis 1821 et 1822, 108 millions 1/2 empruntés, pour lesquels il faut compter, en moyenne, vingt ans d'intérêts, et enfin, sur les fonds du trésor, 98 millions 1/2, passibles de six ans, en moyenne, d'intérêts. Tous ces intérêts réunis forment une somme de 217 millions qui portent le prix total des Canaux à plus de 480 millions.

actions de jouissance de 1822 n'ont-ils pas appelé à eux les porteurs des actions de 1821 (Canaux de l'Oise, de la Somme, des Ardennes)? Pourquoi ne demandent-ils pas le fermage du Canal de Saint-Quentin, qui appartient à l'Etat, comme ils demandent celui du Canal du Centre, qui lui appartient aussi? Pourquoi ne demandent-ils pas à être fermiers du Canal de la Marne au Rhin et du Canal latéral à la Garonne, quand ils seront terminés? Pourquoi ne demandent-ils pas l'expropriation à leur profit des Canaux de Briare, d'Orléans, du Loing, du Midi, de Givors, etc.? Un tel système serait au moins logique. Mettre toute la navigation artificielle de la France dans une seule main est une idée à laquelle on ne saurait refuser de la grandeur, à défaut de raison. Mais cette idée n'est pas celle de la proposition, et cette logique non plus ; ne nous arrêtons donc pas sur ce prétendu avantage d'une économie relative des frais d'administration, et abordons le côté réellement sérieux de cette partie de la question.

Ce qui fait la force d'une Compagnie, c'est l'unité.

Ce qui constitue la vitalité, la force d'une Compagnie de Canaux ou de Chemins de fer, ce qui lui assure une économie réelle dans ses services, économie bien autrement importante que celle qui peut résulter d'un moins grand nombre d'administrateurs, c'est l'homogénéité, c'est l'unité de la ligne concédée. Quelqu'étendue que soit cette ligne, si elle est une, si toutes ses parties sont bien liées ensemble, si elle constitue une individualité naturelle, si elle comporte un seul et même intérêt qu'on puisse toucher et nommer, oui, sans doute, une telle Compagnie peut et doit s'administrer avec économie; et en même temps, il s'y développe cet esprit de suite et de bonne surveillance, cette solidarité de la tête aux extrémités, ce sentiment d'affection pour la chose administrée, qui sont le propre et la force des Compagnies bien et unitairement constituées.

La Compagnie générale n'est pas unitaire.

Elle touche à tout le territoire.

Mais, est-ce que la Compagnie Générale serait une Compagnie unitaire? Comment! il s'agit de mettre à la fois la main sur tous les points du territoire; sur les frontières de l'Est, par le Canal du Rhône au Rhin ; sur l'Est central, par le Canal de Bourgogne; sur le Centre, par les Canaux du Centre, du Nivernais, du Berry et Latéral à la Loire; sur l'Ouest, par les Canaux de Bretagne; sur le Midi, par le Canal d'Arles à Bouc! Non-seulement il y a là quatre groupes parfaitement distincts, et qu'il n'existe pas l'ombre d'une bonne raison pour réunir dans une même main ; mais les deux principaux de ces quatre groupes, celui de l'Est et celui du Centre, loin d'avoir été faits pour être associés ensemble, ont été créés dans le but précisément contraire. Il y a deux voies naturelles pour les communications du Nord de la France avec le Midi : la voie par la Bourgogne et la voie par le Bourbonnais; les Canaux du Centre d'une part, les Canaux de l'Est, de l'autre, sont deux des instruments les plus actifs de cette double communication, et l'on voudrait les réunir dans une même main! Non, cela ne saurait être; car c'est demander à l'administration de déserter tout à coup ses traditions, d'abandonner des plans qu'elle a suivis avec tant de constance et de lumières, de détruire toutes les concurrences naturelles, et pourquoi? Pour le plaisir de traiter en une seule fois avec les porteurs des actions de jouissance des *quatre Canaux*, et avec ceux du Canal de Bourgogne!

Elle détruit la concurrence de la voie par la Bourgogne et de la voie par le Bourbonnais.

Il n'y a pas de raison de les réunir dans la même main.

Non, encore une fois, la proposition n'est pas sérieuse, ou du moins, elle ne constituerait pas une Compagnie de Canaux sérieuse, une administration réellement unitaire, simple, homogène, veillant à sa chose, uniquement occupée d'elle, ayant des tendances connues, des intérêts patents et tangibles, une Compagnie commerciale, en un mot, et industrielle.

Attaques dont la proposition a été l'objet dans le public.

Aussi, tous les soupçons, tous les ombrages qu'enfante nécessairement une combinaison hors de toute proportion, la proposition de la Compagnie Générale a dû les subir, à peine connue du public. Son but était démesuré, mal défini ; sa raison d'existence n'a pas été comprise, et déjà elle a été l'objet des plus vives attaques. Elle ne doit pas s'en étonner. Le public, celui des affaires surtout, est ainsi fait.

C'est qu'à ce public, il faut pour toute chose, et surtout pour tout ce qui sort des proportions ordinaires, une raison d'être, et ici, il n'en aperçoit qu'une; c'est une raison de pure spéculation financière; telle est l'origine, telle est la fin de la proposition de la Compagnie Générale. Point d'intérêts industriels, point d'intérêts commerciaux dans cette combinaison; rien que des intérêts financiers déjà mêlés, déjà engagés ailleurs; rien que des complications qui font naître dans le public les plus graves appréhensions.

Les noms des hommes honorables qui s'occupent du fermage des Canaux doivent, pense-t-on peut-être, suffire pour écarter ces appréhensions ; on se trompe. Le public se préoccupe des entraînements de situation des entraînements de lutte ; il sait quelle est aujourd'hui leur ardeur, et redoute leurs conséquences pour ses intérêts.

Que des administrateurs de chemins de fer, pour conjurer le danger de la concurrence des Canaux, ou même d'autres lignes ferrées, cherchent à entrer dans le fermage des Canaux, dans le fermage simultané des deux lignes navigables si importantes de l'Est et du Centre, assurément cela est licite ; mais beaucoup de choses ne peuvent-elles à la fois être licites et être excessives ? et celle-ci ne serait-elle pas du nombre ?

Que les porteurs des actions de jouissance cherchent à sortir de la position fausse que leur ont créée les malheureuses conceptions financières de 1821 et de 1822, cela est parfaitement licite, sans doute ; mais pourquoi cette alliance de tant de Canaux ? pourquoi aussi cette attitude si peu conciliante, et, qu'on nous permette de le dire, si peu politique, qu'ont prise depuis quelques années, vis-à-vis de l'Etat et du commerce, quelques-unes des Compagnies de Canaux de 1821 et 1822 ? Pourquoi, lorsque les négociations sur le fermage semblent s'arrêter, ces déclarations de la volonté où l'on serait de ne plus consentir de réductions sur les tarifs, de retirer même celles qui ont été faites jusqu'à ce jour ? L'on est dans le droit, dit-on ; mais bien des choses ne peuvent-elles pas être dans le droit, et être excessives, et celle-ci ne serait-elle pas du nombre ? A coup sûr, en tout cas, ce ne saurait être ni vis-à-vis du public, ni vis-à-vis de l'Etat, une bonne recommandation pour obtenir le fermage de la moitié des Canaux français.

Quand le sentiment général se prononce, ce qu'il y a de mieux à faire à son égard, ce n'est pas de se raidir contre lui, mais de le respecter. Que veut le public, ici, que voulons-nous nous-mêmes, que voudront tous les hommes sensés ? Ils voudront que, pour donner une solution à cette affaire, qui a tant besoin d'en avoir une, on ne demande aux intérêts publics que ce qu'il est juste et raisonnable de leur demander. Eh bien ! ici, le sentiment général est qu'on leur demande trop, beaucoup trop.

Le sentiment général est aussi qu'il y a des intérêts auxquels l'intérêt public ne permet pas qu'on laisse contracter alliance ; or, l'on voit surgir de la combinaison projetée la possibilité d'alliances qui effraient.

L'intérêt public est contraire à la proposition.

Est-ce pour être associés dans une même pensée, pour marcher sous une direction commune que les Canaux et les Chemins de fer ont été établis, et que l'État a fait des sacrifices si considérables pour les uns et les autres ?

La Compagnie veut être seule maîtresse des tarifs.

Comment ne pas s'inquiéter, par exemple, en voyant que les auteurs de la proposition demandent que l'Etat n'ait rien à voir dans le maniement des tarifs au-dessous du maximum fixé par le cahier des charges et même dans l'établissement de taxes différentielles ?

L'État, d'après la proposition, doit garantir aux fermiers un revenu de 5 %, et un amortissement de 1 %. Quelle est ici la couverture de l'État? c'est le revenu des Canaux, et par conséquent leur tarif; et cependant on demande que l'Etat n'ait rien à voir dans les réductions de tarifs.

Dangers qui peuvent en résulter pour l'Etat comme garant du revenu.

Mais si la Compagnie fermière avait, par hasard, d'autres intérêts à côté de ceux de ses Canaux, lui sera-t-il toujours possible de s'arrêter sur la pente difficile où elle s'est placée? Supposez qu'on sacrifie le revenu des Canaux du Centre en réduisant très-bas leurs tarifs, et, en même temps, qu'on maintienne à son maximum le tarif de la ligne de Bourgogne; on aura versé toute la circulation de la ligne de Lyon sur le Centre. Les Chemins d'Orléans et du Centre en auront tiré ce double profit d'accroître leur circulation et de diminuer celle de la ligne concurrente; mais l'Etat? L'Etat aura à parfaire, comme garant, les revenus manquant sur la ligne du Centre.

On peut imaginer telle autre combinaison. Le Canal de Bourgogne peut être entièrement dégrevé pour nuire à la ligne de Lyon et l'amener à capitulation. C'est toujours l'Etat qui, comme garant du revenu, payera les frais du combat.

Dangers pour le commerce et pour l'industrie.

Mais ces diverses réductions, peut-on dire, profiteront au commerce et à l'industrie, qui emploieront les parties de Canaux où elles seront faites. A cela, notre réponse est péremptoire. Ces sortes de concessions temporaires, faites en vue de concurrences à écraser, sont un bienfait très-dangereux pour nous ; nous savons ce que c'est que ces bénéfices momentanés, bientôt suivis de charges très-lourdes. Ce qu'il faut à l'industrie et au commerce, une fois que les tarifs ont été réglés d'une manière raisonnable, c'est que ces tarifs soient également et loyalement perçus ; qu'il n'y ait de faveurs ni d'exceptions pour personne ; que nul n'ait le droit de porter atteinte aux combinaisons en vue desquelles les grands établissements se sont fondés ; sans cela, sans cette sécurité, il n'y a pas d'avenir pour les grands établissements, et partant, point de grands progrès industriels. Voilà la vérité, et nous ne croyons pas que personne puisse se dire plus compétent que nous pour la connaître et pour la dire.

L'intérêt public et l'intérêt financier de l'État s'opposent donc également à cette prétention de la Compagnie Générale de réduire à son gré les tarifs et d'y introduire le principe des taxes différentielles. Les Chemins de fer prétendent à ce droit, et l'ont exercé jusqu'ici, nous le savons ; mais, outre que ce droit des Chemins de fer nous paraît en lui-même fort contestable, remarquons que les Chemins de fer n'agissent pas comme les Canaux, ou du moins autant qu'eux, sur les matières premières, qui sont le fondement même des grandes industries, matières premières sur lesquelles de légères différences de prix peuvent porter atteinte aux combinaisons les mieux faites. Les Chemins de fer, d'ailleurs, qui sont à la fois prêteurs d'une voie perfectionnée et transporteurs, ont des tarifs qui les limitent pour le péage et pour le transport ; mais une Compagnie de Canaux n'a qu'un tarif de péage. Supposez qu'elle fasse de la batellerie ; à l'instant même toutes les précautions de la loi de concession s'évanouissent ; elle peut faire toutes les faveurs qu'il lui plaît de consentir. Elle est libre de son prix de fret, et peut le réduire à volonté là où elle y trouve intérêt, sans qu'on puisse la convaincre d'aucune atteinte portée à l'égale perception de son tarif de péage.

Danger pour la marine.

La Compagnie Générale ne s'y est pas trompée, non plus que les grands intérêts qu'elle voulait ainsi mettre dans sa dépendance. A la première nouvelle que l'intention de la Compagnie Générale était de faire de la batellerie, toute la marine s'est émue, et à juste titre. Comment résisterait-elle à une Compagnie qui, non-seulement peut l'écraser par ses seuls règlements de navigation, par les seules préférences de passage, de trématage, de service aux écluses qu'elle assurerait à ses propres bateaux, mais encore qui, offrant d'employer 10 millions à créer une batellerie, demande que ces 10 millions fassent partie des sommes qui devront prélever 6 % sur les revenus des Canaux avant tout prélèvement de l'Etat! Il ne faudrait pas deux ans, avec une pareille combinaison, pour anéantir toute la marine du Centre et de l'Est. Après cela, quelle serait la limite des exigences de la Compagnie Générale? Si elle a un tarif de péage, elle n'en a pas de transport comme les Chemins de fer. Où s'arrêterait-elle?

La batellerie n'a pas besoin du concours financier des compagnies fermières.

Nous n'insisterons pas sur les considérations relatives à la marine; elle a déjà su et saura les défendre encore elle-même. Toutefois, qu'il nous soit permis de faire remarquer que la prétention mise en avant par la Compagnie Générale, qu'il faut l'intervention d'une association puissante pour constituer une bonne batellerie dans l'Est et dans le Centre, est une prétention absolument démentie par les faits. La batellerie du Nord est une bonne batellerie, personne ne le conteste; nulle ne navigue à meilleur marché. Eh bien! elle est sans aucune liaison avec les diverses Compagnies qui se partagent les Canaux de la Belgique à Paris. Ces Compagnies ne lui ont jamais donné ni concours financier, ni faveurs spéciales. La batellerie du Nord s'est améliorée à mesure que les lignes navigables s'amélioraient elles-mêmes; tout est là; que les Compagnies fermières entretiennent bien les Canaux; qu'elles y assurent des services d'écluses réguliers, des tirants d'eau suffisants, et qu'elles laissent faire la marine.

Elle a besoin d'une bonne navigation.

Argument tiré de la constitution des Chemins de fer comme concurrents des canaux.

On a fait valoir avec beaucoup de raison, en faveur du fermage des Canaux, cette considération qu'ils se trouvent presque tous menacés de la concurrence des Chemins de fer, où s'est manifestée avec tant de succès la supériorité de l'industrie privée pour ces sortes d'administration; on a dit que le seul moyen de sauver les Canaux d'une ruine totale, du moment qu'on se décidait à ne pas les laisser entre les mains de l'État qui

Cet argument est contre la Compagnie Générale.

aurait pu soutenir la lutte en sacrifiant les revenus des Canaux, c'était de les armer de ce puissant levier d'activité, d'économie que manie si bien l'industrie privée; on a ajouté, et avec raison encore, qu'en présence des puissantes Compagnies de Chemins de fer, il ne fallait pas trop disséminer les fermages, constituer de trop faibles Compagnies; qu'en face des vigoureuses organisations des voies ferrées, il en fallait mettre de vigoureuses aussi pour les voies d'eau, et l'on en a conclu la Compagnie Générale.

Le raisonnement est juste et vrai; la conclusion ne l'est pas. *Qui trop embrasse mal étreint,* dit la sagesse des nations; telle serait la Compagnie Générale, polype aux cent bras, mais sans tête. Oui, du moment que l'on veut affermer les Canaux, il faut y constituer des Compagnies réellement fortes et résistantes; mais nous avons dit plus haut quelles conditions déterminaient la solidité des Compagnies; sans unité, point de force. L'argument invoqué pour donner à la Compagnie Générale **1968** kilomètres de Canaux disséminés partout tourne donc absolument contre elle.

Quant à cette prétention que la Compagnie Générale, en sa qualité de Compagnie puissante, pourrait rendre au commerce de plus grands services que des Compagnies plus restreintes, qu'on nous permette de dire que cela n'est vraiment pas bien sérieux. Ce qui va suivre, au reste, démontrera complétement qu'il y a possibilité ici de créer des Compagnies réellement fortes et assez bien constituées pour se défendre elles-mêmes et veiller aux intérêts du commerce en même temps qu'aux leurs.

La proposition doit être évidemment écartée.

En résumé, la prétendue simplicité de l'offre faite par la Compagnie Générale est purement illusoire; au fond, cette proposition détruit toutes les concurrences naturelles; elle confond dans une seule main de grandes lignes de transport qui doivent toujours être séparées; elle est conçue en vue d'intérêts qui ne sont ni ceux du public ni ceux de l'État; elle expose celui-ci à porter le poids de toutes les spéculations accessoires qui se rattacheront nécessairement à une combinaison aussi considérable, et le laisse dépourvu de tout moyen d'action sur les tarifs qui sont sa couverture; elle est hostile enfin à l'industrie, au commerce, à la marine, qui seraient complétement à la merci de la Compagnie, par la faculté qui lui serait concédée d'établir des taxes différentielles, et de faire de la batellerie, sans même avoir la limite d'un tarif de fret, et par son organisation elle-même, organisation purement financière, n'obéissant qu'à des intérêts financiers, et mêlée par ces intérêts à d'autres intérêts qui ne sont pas ceux du commerce et de l'industrie du centre de la France.

Nous étions donc fondés à dire qu'une telle proposition, à ne la considérer que dans son ensemble, ne pouvait pas soutenir un examen attentif, et ne pouvait qu'être écartée.

Une autre combinaison est-elle possible ?

En présence du désir où paraît être l'État d'affermer les Canaux, ne peut-on cependant trouver une autre combinaison qui satisfasse à la fois, à ce désir et aux intérêts du public?

Nous croyons qu'il suffit d'y regarder attentivement pour reconnaître qu'il y a dans les Canaux matière à une combinaison de fermage raisonnable et praticable. Rendons-nous compte d'abord de ce que c'est que ces dix Canaux.

Il y a quatre groupes de canaux.

Ils se divisent en quatre groupes bien distincts.

Groupe du Midi.

Il y a d'abord celui du Midi. C'est le Canal d'Arles à Bouc, Canal intéressant sans doute, mais complétement isolé des autres. Soit qu'il aille se fondre dans une combinaison générale des canaux du Midi, soit qu'il demeure isolé, il ne constitue pas une gêne pour le Gouvernement; ses recettes dépassent ses dépenses; il est facile de lui trouver des fermiers, soit dans les porteurs actuels de ses actions de jouissance, soit dans les intérêts locaux. Nous n'avons pas à nous en occuper.

Groupe de l'Ouest; c'est la difficulté de la situation.

Vient ensuite le groupe de l'Ouest, les Canaux de Bretagne. Ces Canaux forment un groupe parfaitement distinct et complétement isolé de tous les autres. Ils se lient d'ailleurs entre eux et constituent un ensemble très-homogène; mais ils ne sont pas achevés, ils coûtent cher et n'ont que de très-faibles recettes; à ce point de vue, ils sont une des difficultés de la situation, difficulté toutefois qui n'est pas sans solution; nous le montrerons plus loin.

Groupe de l'Est; sa grande importance.

Le groupe de l'Est, celui du Canal de Bourgogne et du Canal du Rhône au Rhin, forme une des plus belles lignes de navigation de France. Quoique ces Canaux aient encore besoin de quelques améliorations, la navigation y est déjà très-belle et très-active; leur longueur développée est de 593 kilomètres. Leur produit net dépasse un million.

Entre le Chemin de fer de Paris à Strasbourg et le Canal de la Marne au Rhin, d'une part, entre le Chemin de fer de Lyon et les Canaux du Centre de l'autre, entre le Rhin, enfin, et le Chemin de fer d'Alsace, cette belle ligne de navigation a pour mission de lutter contre les grandes concurrences qui la bordent des deux côtés, de maintenir aux territoires si riches et si industrieux qu'elle traverse leurs avantages naturels, et de les garantir des abus auxquels pourraient tendre les voies de communication parallèles.

Nous ne craignons pas de dire qu'il est d'un haut intérêt gouvernemental de constituer cette grande individualité, et de la constituer de manière à ce qu'elle demeure isolée, sans combinaison, ou pour parler plus exactement, sans coalition possible avec ses concurrents. Nous croyons qu'en raison de la richesse de cette ligne et de l'ampleur de ses recettes, cela serait facilement praticable.

Groupe du Centre ; son importance.

Le groupe du Centre constitue, de son côté, une individualité naturelle, et dont les intérêts propres sont faciles à reconnaître et suffisamment possibles à constituer.

Tous ces Canaux se tiennent entre eux ; leur longueur développée est de 817 kilomètres.

Leur but est : 1° d'établir la communication du bassin de la Loire avec ceux de la Seine, du Rhône et de la Saône; 2° de perfectionner la navigation de la Loire; 3° de mettre le bassin du Cher en communication avec les trois grands bassins que nous venons de nommer. Ces quatre Canaux réunis remplissent suffisamment ce but.

Ce groupe peut soutenir la concurrence des Canaux de Briare et du Loing par le Canal du Nivernais.

Par le Canal du Berry et le Canal Latéral à la Loire, il lutte contre les Chemins de fer du Centre, d'Orléans à Tours et à Nantes, et d'Orléans à Paris.

Par le Canal Latéral, le Canal du Centre et le Canal du Berry, il soutient la concurrence du Chemin de fer de Bourges à Clermont et de la ligne de Lyon.

Les charbons et les fers du centre de la France se répandent par ces Canaux dans le bassin si important de la Loire, et pénètrent dans ceux de la Seine, du Rhône et de la Saône.

Il y a donc dans ce groupe ce que nous avons appelé une individualité naturelle, représentant des intérêts qui ont leur raison d'existence, et constituée en vue de la défense de ces intérêts.

Ces groupes doivent être l'objet de combinaisons séparées.

Ces divers groupes sont-ils susceptibles d'être affermés séparément par l'État?

Preuve que cela est possible.

A priori, on peut répondre par l'affirmative. Si l'ensemble des dix Canaux a paru à la Compagnie Générale présenter une marge suffisante pour en solliciter le fermage, c'est qu'elle trouvait dans les belles recettes des uns une compensation à l'insuffisance des autres. Ce que la Compagnie Générale aurait fait, le Gouvernement peut le faire aussi bien et mieux qu'elle.

Sans entrer ici dans l'examen des chiffres que la discussion pourra amener ultérieurement, et qui sont tous, en tout cas, dans la main de l'Etat, voici, à ce point de vue, la vérité sur chacun des groupes :

Le groupe du Midi peut parfaitement se suffire à lui-même ;

Le groupe de l'Est a de larges recettes excédantes ;

Le groupe du Centre pourra, dans un certain nombre d'années, se suffire à lui-même ;

Le groupe de l'Ouest ne le pourra jamais, ou du moins pas dans le nombre d'années qui doit raisonnablement entrer dans les combinaisons humaines.

Il est évident que, dans les prévisions de la Compagnie Générale, la très-grande insuffisance de recettes du groupe de l'Ouest était compensée par l'abondance des recettes du groupe de l'Est. Il est évident aussi que là est pour l'Etat la solution des Canaux de Bretagne. Le fermage des Canaux de l'Est peut immédiatement lui fournir une soulte qui viendra pour l'Etat en compensation des dépenses que lui imposent encore les Canaux de Bretagne. Maître de les administrer à son gré, une fois qu'il

Solution pour le groupe de l'Ouest.

sera débarrassé des actions de jouissance des *quatre Canaux,* que le groupe du Centre doit être chargé de racheter, soulagé dans ses dépenses de l'Ouest, par la soulte de l'Est, l'Etat peut essayer pour plusieurs années du régime qui lui paraîtra le plus propre à assurer les développements de la circulation sur ces Canaux. Il n'est pas de plus intéressant sujet d'expériences, et nul mieux que l'État n'est à même de les tenter et de les suivre avec fruit.

Facilités et avantages que présente la constitution de deux fortes Compagnies; celle de l'Est, et celle du Centre.

Nous croyons avoir tenu parole; il nous paraît impossible, après ce qui précède, de contester qu'il y a dans les dix Canaux, objet de la spéculation malencontreuse de la Compagnie Générale, tout ce qu'il faut pour constituer au moins deux Compagnies très-importantes, ayant à la fois l'unité, qui est le fondement même d'une bonne organisation, et l'étendue, qui donne la force et la vitalité. A l'une, près de 600 kilomètres à travers les plus riches contrées de la France; à l'autre, 800 kilomètres environ, dans des pays moins favorisés sans doute, mais qui ne sont pas sans avenir. Assez fortes pour lutter contre les puissantes concurrences des lignes parallèles, assez limitées pour ne pas courir les aventures, ces deux Compagnies nous paraissent réunir tout ce qui est propre à assurer leur prospérité, sans apporter aucune perturbation fâcheuse dans les grands intérêts existants autour d'elles.

Si cette démonstration est aussi complète qu'elle nous paraît être, elle forme sans doute un argument de la plus grande force contre la proposition de la Compagnie Générale.

Renvoi à la seconde partie des autres objections contre la proposition de la Compagnie Générale.

Cette proposition nous paraît reprochable sous beaucoup de points de vue encore; ainsi, les dispositions de la loi du 29 mai 1845, les garanties multipliées qui y ont été ménagées à l'Etat, semblent y avoir été complétement méconnues; ainsi encore, l'élévation et les combinaisons du tarif appellent une sérieuse discussion. Nous avons renvoyé ces divers points à la seconde partie de notre Note, afin d'éviter des redites. Nous pensons y démontrer que la proposition de la Compagnie Générale n'est pas plus acceptable dans ses détails qu'elle ne l'est dans son ensemble.

DEUXIÈME PARTIE.

PROJET DE FERMAGE DES CANAUX DU CENTRE.

Nous suivrons, pour cette partie de la discussion, l'ordre des articles du projet de soumission pour le fermage des Canaux du Centre.

Art. 1, 2 et 3 du projet de soumission. Canaux affermés. Durée du bail. Remise des Canaux.

Nous proposons l'affermage à une même Compagnie des quatre Canaux du Centre, pour un terme de soixante années (art. 1 et 2). Ces Canaux (art. 3) devront être remis à la Compagnie fermière, et un état descriptif de leur situation devra être contradictoirement dressé par les agents de l'Administration et ceux de la Compagnie.

Comme nous l'avons expliqué tout à l'heure, ces quatre Canaux se tiennent entre eux et forment un groupe complet qui ne serait pas susceptible d'être divisé. Tous les projets de fermage de Canaux présentés pour le Centre de la France ont toujours pris pour base la réunion de ces quatre Canaux. Il ne resterait dans cette région que le Canal de Roanne à Digoin, en dehors de cette combinaison ; mais ce Canal appartient à une Compagnie, et l'on ne peut pas imaginer que cette Compagnie ait un seul intérêt contraire à ceux de la Compagnie fermière des quatre Canaux du Centre.

Des quatre Canaux du Centre au point de vue financier.

Rendons-nous compte maintenant de ce que c'est que cette union des Canaux du *Berry*, *Latéral à la Loire*, du *Centre* et du *Nivernais* au point de vue financier.

Si l'on prend les dépenses et recettes de ces Canaux telles qu'elles sont données, dans leur ensemble, par l'administration des finances, on trouve les résultats suivants pour les années **1846**, **1847** et **1848** :

CANAUX.	DÉPENSES TOTALES.	RECETTES TOTALES.	BÉNÉFICES en TROIS ANS.	PERTES en TROIS ANS.
	fr.	fr.	fr.	fr.
Canal du *Berry*	1,572,513	1,976,011	403,498	»
Canal du *Centre*	670,928	883,706	212,778	»
Canal *Latéral à la Loire*	1,929,055	1,733,708	»	195,347
Canal du *Nivernais*	1,362,332	611,482	»	750,850
TOTAUX en trois ans...	5,534,828	5,204,907	616,276	946,197

Il résulte de la comparaison de ces chiffres, que les trois années prises pour exemple ont donné une perte de **329,921** fr., soit en moyenne, par an, une perte de **109,944** fr.

Mais il y a de nombreuses observations à faire sur ces chiffres et sur les résultats qu'ils donnent.

En ce qui concerne les dépenses, celles dont le chiffre est donné plus haut ne comprennent pas seulement les dépenses normales d'entretien et de perception des Canaux, mais encore toutes celles qui, sous le nom de *Dépenses de seconde catégorie*, s'appliquent en grande partie à des travaux neufs ; tels sont, pour le Canal du Centre, l'établissement d'une écluse et d'un bassin pour l'entrée en Saône ; pour le Canal Latéral à la Loire, les réparations extraordinaires, suite de la crue si terrible de la Loire ; pour le Canal du Berry, la restauration complète de l'aqueduc de la Tranchasse et beaucoup d'autres travaux neufs, soit sur ces Canaux, soit sur le Canal du Nivernais.

On ne peut donc pas, par les chiffres qui précèdent, juger de la situation réelle des choses au point de vue financier, puisqu'une partie des sommes portées par l'administration dans les comptes généraux de l'entretien des Canaux serait portée par la Compagnie fermière au compte de travaux neufs.

L'administration pourrait seule faire le départ exact de ces diverses sommes pendant les trois années que nous avons choisies pour exemple, et ce travail présenterait un grand intérêt.

Mais ces documents n'existent pas ; à leur défaut, nous trouvons un renseignement qui nous paraît pouvoir y suppléer, dans un travail émané de l'administration des ponts et chaussées. Ce travail fixe comme suit les dépenses normales d'entretien des Canaux, suivant les demandes des ingénieurs chargés de leur direction.

Canal du *Berry*	350,000 fr.
Canal du *Centre*	160,000
Canal *Latéral à la Loire*	239,000
Canal du *Nivernais*	240,000
	989,000

Il faut y ajouter les frais de perception, et aussi les frais généraux d'administration, qui, pour l'État, se confondent dans les frais généraux de personnel, etc.; voici ce que fournissent, à cet égard, les documents qui sont à notre disposition :

	DÉPENSES MOYENNES	
	DE PERCEPTION.	D'ADMINISTRATION.
	fr.	fr.
Canal du *Berry*	24,000	50,000
Canal du *Centre*	18,000	25,000
Canal *Latéral à la Loire*	24,000	48,000
Canal du *Nivernais*	10,000	36,000
	76,000	159,000

En résumé, les dépenses normales des quatre Canaux, pour l'administration, la perception et l'entretien, seraient telles qu'il suit :

	LONGUEURS.	DÉPENSES	
		GÉNÉRALES.	par MÈTRE COURANT.
		fr.	fr. c.
Canal du *Berry*	320,183m	424,000	1 32
Canal du *Centre*	116,859	203,000	1 73
Canal *Latéral à la Loire*	205,729	311,000	1 51
Canal du *Nivernais*	174,616	286,000	1 52
	817,387	1,224,000	1 50

Mais nous devons le dire, ces chiffres nous paraissent trop bas.

La moyenne de 1 fr. 50 c. par mètre pour l'administration, l'entretien et la perception d'une certaine longueur de Canaux, placés dans des conditions différentes, est au-dessous de ce que l'expérience a consacré sur les autres Canaux.

Le Canal du Centre, qu'on peut considérer comme arrivé à son état normal, coûte 1 fr. 73 c. par mètre.

Le rapport de la commission chargée d'examiner le projet de fermage présenté par la Compagnie Générale adopte le chiffre moyen de 1 fr.82 c. par mètre (page 79).

Enfin, dans une publication très-importante émanée du Ministère des travaux publics, et intitulée *Documents relatifs aux Canaux* (imprimerie royale, 1840), on trouve dans une note de l'administration le chiffre de 2 fr. par mètre, adopté comme étant celui qui s'approche le plus de la vérité.

Ces trois chiffres donneraient pour les dépenses des quatre Canaux du Centre les chiffres de **1,414,079** fr.; — **1,487,644**; — **1,634,774** fr.

Nous croyons que le chiffre de **1,550,000** fr. est le chiffre à adopter pour l'entretien, la perception et l'administration des Canaux par une Compagnie fermière.

Quel sera le revenu de ces Canaux ?

On ne peut plus aujourd'hui prendre pour base les recettes dont les chiffres précèdent. Depuis **1849**, les tarifs du Canal du Centre sont modifiés ; une forte réduction a été accordée en **1848** et en **1849** dans le tarif de la houille sur les Canaux du Berry et Latéral à la Loire, et la houille forme une des recettes principales de ces deux Canaux.

Nous nous sommes rendu compte de ce que le tarif, dont un projet est joint à cette Note, produirait s'il était appliqué aux circulations constatées sur les quatre Canaux en **1847**. C'était déjà faire une belle part à l'avenir que de supposer, pour les années où nous allons entrer, des circulations égales à celles de **1847**; mais nous avons cru pouvoir prendre cette base de calcul, parce qu'il ne peut manquer de résulter, de l'établissement d'un tarif bien conçu et modéré, une forte augmentation dans la circulation des Canaux. Ce travail nous a donné, pour le produit des Canaux, un chiffre de **1,344,000** fr., qui couvrirait une dépense de 1 fr. 63 c. par mètre courant de Canaux.

Ainsi, dans les premières années, les quatre Canaux du Centre pourraient ne pas produire une somme suffisante pour leur entretien et leur administration. Nous croyons fermement que cet état de choses ne pourra durer longtemps, et qu'en peu d'années, les recettes équilibreront les dépenses et bientôt les surpasseront ; mais cette situation financière exigeait des ménagements auxquels nous avons cherché à pourvoir, comme on le verra plus loin.

Dépenses à faire en travaux neufs. Art. 4 du projet de soumission.

Il y a des dépenses à faire sur les Canaux ; de l'ensemble des renseignements que nous avons recueillis, il nous a paru résulter qu'une somme de 12 millions était nécessaire pour mettre les quatre Canaux, objet du fermage, en bon état de navigabilité. Dans le projet de soumission (art. 4), nous supposons donc que la Compagnie devra être tenue de dépenser ces 12 millions, et nous mentionnons un des travaux auxquels cette somme doit pourvoir, la rigole qui amènerait les eaux de l'Allier au point de partage du Canal du Berry, et dont la dépense est estimée 4 millions. C'est ici, en effet, un travail d'utilité générale pour tout le Centre de la France ; c'est par le Canal du Berry que les houilles et les minerais de fer se répandent dans cette région ; il importe donc au plus haut point que le Canal du Berry reçoive ce complément indispensable à sa bonne navigation.

La Compagnie aurait deux années pour faire toutes ses études, et devrait être obligée ensuite de dépenser les 12 millions engagés par elle sur le pied d'un minimum de 1,200,000 fr. par an.

Nous devons faire remarquer ici que les termes dans lesquels est conçue la demande de la Compagnie Générale, laissent l'État et le public sans garanties réelles pour l'amélioration des Canaux ; rien de précis et d'obligatoire n'est stipulé sur les époques et les quotités des dépenses.

Rachat des actions de jouissance. Art. 5 du projet de soumission.

Il faut que la Compagnie fermière soit chargée du rachat des actions de jouissance de la Compagnie dite des *quatre Canaux*. Nous lui imposons cette obligation par l'art. 5 de la soumission.

La Compagnie Générale s'y oblige aussi ; mais dans des termes et à des conditions qui nous paraissent prêter aux objections les plus graves et les plus fondées.

Il importe de se fixer d'abord sur la situation que le fermage des Canaux du Centre à une autre Compagnie que celle des porteurs des actions de jouissance ferait à la Compagnie des *quatre Canaux* ; il faut bien nous rendre compte aussi de ce qu'a voulu la loi du 29 mai 1845, et de la manière dont elle peut être appliquée ; la clarté de la discussion exige que nous commencions par bien apprécier la loi de 1845. Voici ce qu'elle prescrit. (Voir l'*annexe* n° 2.)

Si le Gouvernement se décide à racheter les actions de jouissance de tous ou de l'un seulement des groupes de Canaux qui ont de ces valeurs, il faut qu'il fasse rendre une loi spéciale pour déclarer qu'il y a lieu à rachat, et quand même il voudrait exproprier tous les groupes, il faut une loi spéciale pour chaque groupe.

Dispositions de la loi du 29 mai 1845.

Le tribunal se constitue alors suivant les formes prescrites par la loi, et donne son approbation.

Puis, la loi ajoute, art. 7 :

« Après que la commission aura prononcé, le rachat ne deviendra dé-
« finitif qu'en vertu d'une loi spéciale qui ouvrira, s'il y a lieu, les cré-
« dits nécessaires, et qui devra être proposée aux Chambres dans l'année
« qui suivra la décision.

« Toutefois, si, dans l'année, il n'intervient pas de loi portant
« allocation des crédits nécessaires pour le rachat des droits attribués à
« une Compagnie, le rachat ne pourra plus avoir lieu qu'en vertu d'une
« loi nouvelle. »

Enfin, l'art. 8 et final s'exprime comme suit :

« Les lois spéciales présentées en vertu de la présente loi fixeront le
« mode de payement des actions de jouissance et détermineront les effets
« de l'expropriation. »

Il faut deux lois pour racheter les actions de jouissance.

Il faut donc deux lois pour racheter des actions de jouissance : une première loi pour déclarer qu'il y a lieu à rachat et arriver à la constitution du tribunal; une seconde loi pour rendre le rachat définitif, et ouvrir, s'il y a lieu, les crédits nécessaires.

En d'autres termes, le Gouvernement et l'Assemblée législative peuvent se mettre d'accord pour déclarer qu'il y a lieu au rachat; mais si le prix fixé pour ce rachat ne convient pas à l'État, il a une année pour se décider, et peut ne pas proposer à l'Assemblée de ratifier le jugement porté et d'ouvrir les crédits nécessaires; ou bien il peut faire la proposition et demander l'ouverture des crédits; mais l'Assemblée législative peut ne pas partager cet avis, et ne pas ouvrir les crédits.

L'on ne peut rien faire de définitif aujourd'hui.

En deux mots, il ne peut se faire rien de définitif pour les Canaux, qu'après que la seconde loi aura été rendue, celle qu'impose l'art. 7 de la loi du 29 mai 1845.

5

Ce n'est cependant pas là une impasse pour le projet qu'a le Gouvernement d'affermer les Canaux.

Moyen de sortir de cette difficulté.

Supposons, en effet, que le Gouvernement adopte la pensée de la proposition que nous lui faisons, et, reconnaissant la nécessité de fractionner le fermage des Canaux, se détermine à procéder à celui des Canaux du Centre.

Il nous semble que la marche à suivre serait celle-ci :

Le Gouvernement proposerait une loi disposant, dans son article premier, qu'il y a lieu de constituer le tribunal arbitral chargé de fixer la valeur des actions de jouissance de la Compagnie dite des *quatre Canaux*.

Puis, par l'article 2, il serait dit que la convention, provisoirement passée avec MM...... pour le fermage de tels Canaux, demeure annexée à la loi, pour recevoir son exécution si le rachat est rendu définitif, suivant les prescriptions de l'art. 7 de la loi du 29 mai 1845.

La proposition de la Compagnie Générale nous paraît avoir méconnu la pensée même qui a présidé à la loi de 1845; il résulte évidemment, en effet, des termes de sa proposition, qu'elle pensait que cette proposition serait définitive, une fois conclue, ce qui supposait la renonciation de la part de l'État aux garanties si expressément réservées par les art. 7 et 8 de cette loi.

La Compagnie Générale demande à être mise aux lieu et place de l'Etat pour l'exécution de la loi de 1845.

Mais il est un autre point sur lequel la proposition de la Compagnie Générale implique un oubli plus important encore des garanties assurées à l'État et au public par cette loi de 1845.

Cette loi dispose, en ce qui concerne l'appréciation de la valeur des actions de jouissance, que, pour former le tribunal chargé de fixer cette valeur et composé de neuf membres, l'État nommera trois membres, les porteurs d'actions de jouissance trois membres, et les présidents de la cour d'appel trois membres.

Or, la Compagnie Générale demande à être chargée du rachat des actions de jouissance, et d'être mise au lieu et place de l'État pour l'exécution de cette loi. Être mis au lieu et place de l'État pour l'exécution d'une loi, c'est être chargé d'exercer tous les droits de l'Etat, de remplir les formalités comme l'État les aurait remplies lui-même, etc.

De cette manière, les porteurs des actions de jouissance nommeraient six juges sur neuf.

Il s'en suit que la Compagnie Générale, si sa proposition était adoptée, devrait nommer les trois membres dont la nomination incombait à l'Etat; elle aurait ensuite à nommer trois autres membres comme représentant les porteurs des actions de jouissance. En d'autres termes, elle aurait la nomination de six membres sur neuf.

Il y aurait évidemment là abandon absolu, de la part de l'Etat, d'une des stipulations les plus tutélaires, à son profit, de la loi de 1845.

Quelle que soit la Compagnie avec laquelle l'Etat traitera pour l'affermage des Canaux, il nous paraît impossible qu'il abandonne son droit de nommer trois des membres du tribunal chargé d'apprécier la valeur des actions de jouissance; il est évidemment nécessaire aussi que l'Etat ait un délégué pour assister aux discussions qui auront lieu devant le tribunal pendant qu'il sera en cours d'instruction. Ce droit est expressément réservé dans l'art. 5 de notre projet de soumission.

Droit éventuel de la Compagnie des *quatre Canaux*

L'art. 6 de ce même projet règle un droit éventuel réservé à la Compagnie des *quatre Canaux*, et sur lequel il est nécessaire ici de donner une explication précise.

La Compagnie des *quatre Canaux*, ainsi que toutes les Compagnies prêteuses de 1821 et de 1822, a, comme nous l'avons expliqué plus haut, deux espèces de titres : des titres pour la représentation des capitaux qu'elle a avancés à l'Etat; c'est ce qu'on appelle : *Actions des quatre Canaux:* et des titres pour représenter les bénéfices éventuels afférents à ces capitaux; c'est ce qu'on appelle : *Actions de jouissance des quatre Canaux*.

La Compagnie des *quatre Canaux* est constituée pour :

1° Recevoir de l'Etat l'intérêt, la prime et l'amortissement affectés à ses actions de capital, et au moyen desquelles ces actions devront être complétement amorties en 1865, 1866 et 1867;

2° Pour défendre les droits éventuels attachés sur ces Canaux aux actions de jouissance;

3° Se faire rendre compte par l'Etat des dépenses et recettes annuelles faites sur les Canaux, parce qu'il est stipulé par son cahier des charges, art. 8 (*annexe* 3), que si les recettes des Canaux dépassaient les dépenses de toute sorte, dépenses d'intérêt, prime et amortissement, et dépenses d'entretien et de perception, cet excédant de recettes devrait être employé à accélérer l'amortissement.

Réserve de ce droit; article 6 de la soumission.

Bien qu'il soit tout-à-fait impossible, en fait, que d'ici à l'amortissement des actions de capital, le cas prévu par la loi de 1822 puisse se réaliser (1), en droit, la Compagnie des *quatre Canaux* est investie d'une éventualité qui devait être respectée; c'est ce que nous avons fait par l'article 6 de notre projet de soumission, fidèles en cela à la pensée de la loi du 29 mai 1845, qui, en disposant que les lois qui rendront le rachat définitif statueront aussi sur les effets de l'expropriation, ont par là assuré à l'Etat toute sa liberté d'action pour le cas où il voudrait affermer les Canaux à d'autres Compagnies qu'aux Compagnies actuelles.

---

(1) L'année 1847 est l'année où les recettes des Canaux ont été les plus élevées; c'est donc celle dont l'étude est la plus favorable, sous ce point de vue, à l'intérêt de la Compagnie des *quatre Canaux*. Recherchons ce qu'ont été, en 1847, les dépenses de toute nature payées par l'Etat pour les Canaux concédés à cette Compagnie et les recettes qu'ils ont données.

CANAUX.	SOMMES PAYÉES pour intérêts, prime et amortissement.	SOMMES PAYÉES pour dépenses d'entretien et autres.	TOTAL des DÉPENSES.	RECETTES.
	f	fr.	fr.	fr.
Canal du *Nivernais*	817,200	410,905	1,228,105	226,775
Canal *Latéral à la Loire*	800,400	734,842	1,535,242	798,535
Canal du *Berry*	542,400	566,077	1,108,477	797,253
Canaux de *Bretagne*	2,563,200	669,537	3,232,737	160,126
	4,723,200	2,381,361	7,104,561	1,982,689

Ainsi, pour que la Compagnie des *quatre Canaux* eût un droit à l'accélération de son amortissement, il faudrait que les recettes de ces canaux pussent s'élever de 1,982,689 francs, où elles se sont élevées en 1847, à 7,104,561 francs, qui représentent les sommes payées par l'Etat dans cette même année, somme sur laquelle les dépenses d'intérêt, primes et amortissement, dépenses fixes jusqu'en 1865, 66 et 67, entrent pour 4,723,200 francs.

Il est évident qu'un tel résultat ne peut être espéré, et que l'éventualité réservée à la Compagnie des *quatre Canaux* pour l'accélération de l'amortissement de son capital ne peut jamais se réaliser.

Une fois expropriées de leurs actions de jouissance, ces Compagnies n'ont plus, en réalité, qu'une seule raison d'existence, celle de recevoir du Gouvernement leurs intérêts, primes et amortissement, pour les distribuer à leurs actionnaires. Mais, en droit, il leur reste quelque chose encore; c'est une surveillance à exercer sur les Canaux, afin de s'assurer si leur amortissement doit être accéléré, et pour le faire accélérer, en effet, s'il y a lieu. Ces deux droits éventuels doivent être réservés à la Compagnie des *quatre Canaux*; nous croyons que les dispositions que nous proposons à cet effet satisfont à toutes les obligations contractées à l'égard de cette Compagnie.

Sommes nécessaires pour remplir les engagements des fermiers.

Articles 7 et 8 de la soumission.

Pour remplir les engagements ci-dessus énoncés, il faut un fonds social assez important. Pour les travaux d'amélioration, il faut 12 millions; pour le fonds de roulement, 1 million; il faut enfin la somme à laquelle sera fixée la valeur des actions de jouissance.

Quelle sera cette valeur? On comprendra facilement que nous nous abstenions ici de toute discussion à cet égard. De cette charge que doit nécessairement prendre la Compagnie fermière des Canaux du Centre, nous voulons seulement faire sortir, pour le point actuellement en discussion, la nécessité pour la Compagnie fermière de réunir un fonds social de plus de 13 millions.

Or, les détails dans lesquels nous sommes entrés plus haut relativement aux dépenses et recettes des Canaux ont établi que, du moins pour les premières années, il était douteux que les recettes pussent s'élever tout-à-fait au niveau des dépenses. Nous répétons ici que nous sommes convaincus que, si cet état de choses se présente, il ne pourra être que de très-courte durée, et que la modération des taxes proposées ne manquera pas de produire, en très-peu de temps, de notables accroissements dans la circulation. Mais enfin, pour la première année, la prudence nous paraît devoir nécessairement commander à toute Compagnie qui voudra sérieusement entreprendre le fermage des Canaux, de réclamer de l'Etat :

Nécessité de la garantie de l'Etat.

1° Une garantie d'intérêt et d'amortissement pour les fonds employés par elle aux travaux d'amélioration;

2° Une garantie contre l'insuffisance des recettes.

Les Canaux du Centre, notamment le Canal Latéral à la Loire et le

Canal du Centre, ont subi des dégâts considérables par suite des crues extraordinaires de **1846**. Les réparations de ces sortes de dommages, qui sont évidemment de force majeure, ne peuvent assurément être mises à la charge d'un fermier. Nous admettons qu'il devra être procédé à ces réparations par la Compagnie fermière, sous une surveillance spéciale du Ministre des travaux publics, et que le compte de ces réparations, après avoir été approuvé par ce Ministre, devra être remboursé à la Compagnie fermière.

Les articles **7** et **8** du projet de soumission règlent les diverses stipulations qui viennent d'être exprimées.

Articles 9, 10 et 11 de la soumission ; société anonyme ; contrôle de l'État ; règlements.

Les articles **9**, **10** et **11** de la soumission sont relatifs à la constitution de la société anonyme, aux contrôles sous lesquels la Compagnie administrera, construira, entretiendra et percevra, et enfin aux divers règlements de police, navigation et chômages.

Ces articles s'expliquent d'eux-mêmes.

Articles 12 et 13 de la soumission.

L'article **12** et l'article **13** sont à nos yeux d'une importance particulière. Nous avons cherché à y préciser aussi nettement que possible les engagements qui, suivant nous, doivent être imposés aux Compagnies concessionnaires ou fermières des voies de communication pour donner au public toutes les garanties dont il a besoin.

Perception égale pour tous.

En premier lieu, obligation absolue de l'application loyale et complétement égale pour tous des tarifs.

Contrôle et publicité pour les taxes différentielles.

En second lieu, obligation du contrôle, de la publicité, de l'enquête et de l'autorisation de l'administration supérieure pour l'établissement de toutes taxes différentielles.

Interdiction de faire de la marine.

Troisièmement, empêchement absolu de se faire entrepreneur de transports, sauf les services de voyageurs, avec l'obligation pour les marchandises qui voudraient profiter des services accélérés, de payer le double du tarif, ce qui est une garantie de la plus complète efficacité pour la marine ordinaire.

Contrôle et publicité pour toutes conventions avec d'autres Compagnies.

Enfin, interdiction formelle de conventions ou de fusions avec d'autres Compagnies, à moins d'enquêtes, de débats publics et contradictoires, et d'autorisation de l'administration supérieure.

Ces quatre conditions, qui se lient l'une à l'autre et se complètent l'une par l'autre, nous paraissent toutes et également indispensables.

Elles impliquent cette pensée, qui est la nôtre, que les taxes différentielles, que les conventions entre Compagnies ne sont pas absolument et toujours mauvaises et condamnables. Nous reconnaissons très-bien qu'il n'y aurait pas d'exploitation intelligente de Canaux comme de Chemins de fer, si ces deux grands moyens d'action étaient interdits aux Compagnies. Ce que nous leur trouvons de mauvais, c'est le secret, c'est la faveur.

Que tout se passe au grand jour; que les Compagnies qui administrent de si grandes choses que de grandes lignes de communication, ne puissent ni sortir du cercle des intérêts généraux, ni pouvoir être soupçonnées d'en sortir; que le contrôle et la publicité éclairent toutes leurs conventions particulières; que la discussion empêche les fautes ou les atteintes à des intérêts respectables; que sur tous ces actes exceptionnels, enfin, domine la nécessité de l'approbation du pouvoir, toujours impartial et désintéressé dans ces questions; il en pourra résulter peut-être quelques lenteurs d'exécution; mais c'est le résultat nécessaire de tout contrôle, de toute discussion, et un bien faible inconvénient en présence de tout le bien qu'on doit en attendre.

La proposition de la Compagnie Générale part de tous autres principes; elle admet la libre et entière disposition des tarifs aux mains de la Compagnie, et la possibilité pour elle de taxer différemment certains Canaux, bien plus, certaines parties de Canaux. Nous avons déjà montré comment les intérêts de l'Etat ne pouvaient se concilier avec la liberté concédée à ses fermiers de disposer arbitrairement des tarifs, seule source des revenus dont il se porte garant. Nous regardons comme également incontestable la nécessité de faire intervenir l'Etat dans toute exception faite aux tarifs, et de poser comme règle générale de l'administration des Canaux, l'absence de toute faveur qui n'aura pu supporter la publicité et la discussion.

Article 14. Produits accessoires.

L'article 14 du projet de soumission, relatif aux produits accessoires, n'a pas besoin de développements.

Article 15. Partage des produits.

L'article 15 stipule le droit de l'État d'entrer en partage du produit des Canaux, et son droit aussi à être considéré comme créancier, et à être remboursé, avant tout prélèvement de bénéfice par la Compagnie, des sommes qu'il aurait pu avancer, soit comme garant de l'intérêt et de l'amortissement du fonds social, soit par suite d'insuffisance de recettes, soit enfin pour cause de dévastations extraordinaires.

La Compagnie Générale admet aussi le droit de l'Etat au partage des produits nets, mais seulement après quinze ans.

Article 16. Contrôle de l'Etat sur les opérations financières.

Article 17. Remise des Canaux à l'Etat.

Article 18. Impôt.

Article 19. Rachat du bail.

Les articles suivants, 16, 17, 18 et 19, savoir : l'article 16, relatif aux contrôles de l'Etat sur les opérations financières de la Compagnie; l'article 17, relatif à la remise des Canaux à l'Etat, à l'expiration du bail et aux mesures conservatoires que l'Etat aura le droit de prendre cinq ans avant l'expiration; l'article 18, relatif à l'exemption d'impôt des Canaux, exemption dont ont joui jusqu'ici les quatre Canaux qu'il s'agit d'affermer, et qui se justifie d'elle-même par cette considération que l'État, comme garantissant les revenus et partageant les bénéfices, s'imposerait lui-même en imposant les Canaux; l'article 19 enfin, relatif au rachat du bail, tous ces articles, disons-nous, ne demandent pas de plus amples détails.

Article 20. Cautionnement.

L'article 20 est relatif au cautionnement; nous proposons de le fixer à 300,000 fr. en argent.

La Compagnie Générale offre son cautionnement en actions de jouissance.

La Compagnie Générale offre aussi un cautionnement, mais en actions de jouissance, et elle en offre deux mille cinq cents; comme elle n'indique pas quelles seront ces actions, on est obligé de les calculer à leur moindre valeur. Les actions de jouissance du Canal de Bourgogne sont cotées en ce moment 60 fr.; c'est donc un cautionnement de 150,000 fr. que l'on offre pour une entreprise où il s'agit de 40 millions de travaux, de 10 millions de fonds de roulement et de 20 millions pour les actions de jouissance.

En se plaçant au point de vue purement financier, il est évident qu'un cautionnement de 150,000 fr. pour une entreprise de 70 millions n'est pas une garantie. Il faut remarquer, d'ailleurs, ce qu'il y a d'instable et d'incertain dans des valeurs du genre de celles des actions de jouissance.

Ce n'est pas un cautionnement.

On paraît cependant avoir attaché une certaine importance à ce genre de cautionnement, en raison de l'engagement pris par la Compagnie Générale de verser à l'administration des finances, dans les six mois de la promulgation de la loi, quarante-sept mille cinq cents autres actions de jouissance. Mais si la Compagnie ne les remet pas, qui pourra l'y obliger? Et si elle les verse, quelle garantie sérieuse cela constitue-t-il pour l'autre partie bien plus importante (au point de vue des intérêts publics) de ses engagements, celle des travaux à exécuter? Nous croyons la garantie complétement nulle. En effet, ces actions des Canaux, une fois rachetées, quelle valeur auront elles? Aucune. Les porteurs en auront reçu le prix tel qu'il aura été évalué par le tribunal arbitral, et accepté par le Gouvernement; mais le titre une fois payé, que vaudra-t-il pour l'État? Évidemment rien; car l'État ne peut pas le faire payer deux fois. Ce n'est donc pas là un cautionnement.

L'Etat ne peut rien faire des actions de jouissance.

Mais, dit-on, si la Compagnie Générale n'exécute pas ses engagements, l'État, à la suite de cette remise qui lui aura été faite de cinquante mille actions de jouissance, aura la majorité dans les Compagnies des Canaux, et, au moyen de cette majorité, il retrouvera ce qui lui importe le plus, ainsi qu'au public, sa liberté d'action dans le maniement des tarifs, liberté que les actions de jouissance lui enlèvent. C'est une erreur complète, à nos yeux du moins, et c'est encore l'oubli des dispositions de la loi de 1845 qui cause cette erreur. Pour que la Compagnie Générale ou toute autre Compagnie ait à racheter les actions de jouissance, il faut qu'il ait été rendu une première loi disant qu'il y a lieu à les racheter; puis un jugement statuant sur la valeur de ces actions; et enfin une seconde loi pour faire sortir au jugement son effet. A partir de la promulgation de cette seconde loi, le rachat des actions de jouissance est obligatoire, et leur annulation certaine; car la loi l'a prononcée. Si l'Etat substitue une Compagnie à son lieu et place pour racheter et payer les actions, cela n'infirme en rien le droit que les actions ont d'être rachetées, et ne peut, au cas où la Compagnie n'exécuterait pas ses engagements, ravir aux porteurs le bénéfice des deux lois et du jugement qui ont prononcé sur leurs titres. L'Etat est tenu, absolument tenu de les racheter. Que lui importe donc de posséder la majorité de titres qui, si la Compagnie a tenu ses engagements, sont remboursés et n'ont plus de valeur, ou qui, si elle ne les a pas tenus, doivent être remboursés par l'Etat lui-même et disparaître ensuite.

ne peut pas être associé de la Compagnie des *quatre Canaux*.

Aurait-on supposé que lorsque l'État demandera la loi qui devra ouvrir les crédits nécessaires pour exécuter le jugement fixant la valeur des actions de jouissance, il oubliera l'article 8 de la loi du 29 mai 1845, et ne fera pas *déterminer les effets de l'expropriation ?* Quelle raison a-t-on de supposer que l'État se montrera si oublieux de ses droits, et qu'au moment où il en terminera avec les actions de jouissance qui sont le seul lien par lequel les Compagnies des Canaux se rattachent aux tarifs, il ne fera pas la coupure qu'indique expressément la loi de 1845, entre les Compagnies de Canaux qui n'ont plus qu'un capital à rembourser et les Canaux dont elles n'ont plus rien à espérer? Peut-on admettre que l'État aurait racheté les actions de jouissance pour rester associé aux Compagnies des Canaux et avoir encore à discuter les tarifs avec elles?

A moins de fraude, il ne pourrait y être représenté que par une voix dans les assemblées générales.

Ou bien a-t-on supposé que les choses pourraient aller ainsi, par cette considération que l'État une fois propriétaire des actions de jouissance dominerait dans les assemblées, et y ferait régler les tarifs à sa guise? Si l'on avait pris connaissance des actes de société anonyme constitutifs des Compagnies de Canaux, on aurait reconnu qu'un tel conseil ne pouvait être donné à l'État, car, pour le suivre, il faudrait que l'Etat agît frauduleusement.

En effet, d'après les statuts de la Société des *quatre Canaux*, tels qu'ils sont fixés par l'ordonnance royale du 23 mars 1823, tout actionnaire ne peut (art. 42), quel que soit le nombre d'actions ou de pouvoirs dont il est porteur, avoir qu'une voix (*annexe n° 4*). L'Etat, fût-il propriétaire des soixante-huit mille actions de jouissance des *quatre Canaux*, ne pourrait donc avoir qu'une voix aux assemblées générales de cette Compagnie, à moins, nous le répétons, d'envoyer des actionnaires fictifs à ces réunions. L'administration supérieure ne descendra jamais, même dans un intérêt public, à de tels moyens.

L'exécution de la loi de 1845 termine tout entre l'Etat et la Compagnie des *quatre Canaux*.

Répétons-le donc encore; la loi du 29 mai 1845 est la garantie de l'Etat et du public, et en l'exécutant loyalement et strictement, tous les intérêts seront satisfaits, et l'Etat rentrera dans la libre disposition des

Canaux. Cette loi a donné aux porteurs des actions de jouissance toutes les garanties qu'ils pouvaient désirer et auxquelles, d'ailleurs, ils avaient droit, puisque les valeurs qu'il s'agit de racheter sont le résultat d'une convention faite sous le sceau de la foi publique; mais ils n'ont rien à prétendre au-delà d'un jugement impartial et éclairé sur le prix de leurs titres. Cela fait, les droits de l'Etat et du public doivent trouver satisfaction, et cette satisfaction, c'est la liberté pour l'Etat de faire des Canaux ce qui lui paraît le plus conforme aux intérêts généraux. C'est l'effet naturel, légitime, inévitable de l'expropriation des actions de jouissance.

La remise de cinquante mille de ces titres aux mains de l'Etat est donc bien évidemment une garantie illusoire; ces titres doivent être purement et simplement annulés à mesure qu'ils rentrent à l'Etat.

Discussion du tarif.

Il ne nous reste plus maintenant qu'à nous occuper du tarif.

Le tarif proposé par la Compagnie Générale contient des taxes de 1 à 5 centimes par tonne et kilomètre. La houille serait tarifiée à 1 c. 1/2, le coke à 2 c. 1/2; les charbons de bois, le sel, la fonte, le fer, le blé, à 4 c.; les farines, vins, savon, suif, à 5 c. Ces prix sont, pour la plupart, supérieurs aux tarifs payés aujourd'hui sur les Canaux du Centre, et cette seule considération devrait les faire rejeter; mais des considérations plus générales dominent aujourd'hui cette question des tarifs.

Le fait le plus saillant aujourd'hui dans l'ensemble des voies de communication, c'est la concurrence qui partout s'établit entre les lignes navigables et les lignes ferrées. Ces dernières, sous l'impulsion si active et si hardie de l'intérêt privé, ont obtenu des résultats tout-à-fait inattendus dans leurs services de traction, et ont élevé contre les Canaux une concurrence très-active. Nous croyons bien que, dans les faits qui se sont produits dans ces derniers temps, il en est qui ne constituent pas un état normal, et qui ne sont autre chose que des entraînements de lutte; nous n'irons donc pas jusqu'à dire que les Chemins de fer peuvent voiturer à 4 c. par tonne et kilomètre, péage et transport compris; mais il nous paraît établi qu'ils pourraient maintenir des prix de concurrence dans la limite de 6 centimes. Ce prix comprend la rémunération entière du service rendu, le péage et le transport.

Dans les Canaux, le tarif et le fret forment nécessairement deux éléments distincts. Quel est le fret moyen des Canaux? Sur certains Canaux, où la navigation est bien régulière, et les tirants d'eau bien assurés, le fret descend jusqu'à 1 c. 60 par tonne et kilomètre; mais il n'est à cette limite inférieure que sur quelques Canaux; sur beaucoup d'autres, il s'élève de 2 c. à 2 c. 1/2 par kilomètre. Il en est où il monte de 5 c. à 9 c., par suite de l'insuffisance des tirants d'eau et des difficultés de la navigation. Sur les Canaux du Centre, il est en moyenne de 2 c. 1/2 à 3 c. par tonne et kilomètre. Sans doute, quand les alimentations d'eau seront bien assurées, le fret devra descendre un peu; il ne faut pas oublier toutefois que le Canal du Berry est à petite section, d'où résulte la nécessité d'un transbordement pour toutes les marchandises qui dépassent ce Canal; il faut se rappeler aussi que l'Yonne et la Loire, sur lesquelles une partie de nos bateaux doit naviguer à la sortie de nos Canaux, ont des tirants d'eau très-irréguliers, d'où résultent, soit des transbordements, soit l'impossibilité de charger complétement les bateaux. En calculant à 2 c. 1/2 la moyenne du fret de la marine du Centre pendant un certain nombre d'années, nous sommes dans la stricte vérité.

Si l'on réfléchit maintenant que les Chemins de fer ont sur les Canaux l'avantage d'un plus faible parcours, et surtout celui de la célérité, on demeure convaincu que du moment où l'on veut embrasser dans ses calculs un certain espace de temps, on ne peut pas espérer de conserver à la navigation des Canaux des marchandises qui seraient taxées à plus de 3 centimes, ce qui porterait leur transport à 5 c. 1/2, fret et péage réunis, pour lutter contre 6 centimes demandés par les Chemins de fer.

Il nous est impossible ici de ne pas rappeler ce qui s'est passé lorsque l'Etat a voulu sauver la batellerie du Nord de la ruine dont la menaçait la concurrence du Chemin de fer du Nord; aussitôt que, par la cessation du bail du Canal Saint-Quentin, l'Etat a pu librement disposer de ce Canal, il s'est empressé de réduire les tarifs; l'arrêté rendu le 4 septembre 1849 fixe à 1 centime par tonne et kilomètre le tarif à percevoir sur toutes les marchandises empruntant ce Canal. Depuis cet arrêté, la marine a pu recommencer la lutte avec le Chemin de fer du Nord; mais cette grande ligne n'a cependant pas cessé ses transports de houille.

Nous tenons donc pour complétement certain, que c'est aller à la limite extrême que de prendre pour taxe maximum d'un tarif de Canal le chiffre de 3 centimes par tonne et kilomètre, et nous proposons trois classes de tarification : 1, 2 et 3 centimes.

Il existe à l'appui de ce tarif à 1, 2 et 3 centimes un précédent remarquable et d'une très-haute autorité. Le Ministre des Finances ayant voulu s'éclairer sur la question du tarif des Canaux avait, par un arrêté en date du 6 décembre 1838, chargé une commission de ce soin. Cette commission, dont les travaux ont été publiés, a travaillé cette question avec le plus grand soin, et a résumé ses études dans un rapport très-important (1), qui se termine par une proposition de tarif dont le maximum serait fixé à 3 centimes par tonne et kilomètre, et qui ne contiendrait que deux autres classes de 2 et de 1 centime. La comparaison que nous donnons plus loin, entre ce tarif et le nôtre, montrera qu'ils sont à peu près identiques.

Nous croyons que, dans les conditions où sont les Canaux du Centre, ils pourront, sous l'empire de ce tarif, soutenir la concurrence des Chemins de fer, et notablement agrandir leurs circulations, au grand avantage de l'agriculture et de l'industrie de cette région : de l'agriculture, qui y est encore si étonnamment arriérée; de l'industrie, qui ne fait que d'y naître, et qui vient d'y être si rudement éprouvée.

Dans la classe de 1 centime, nous comprenons toutes les matières premières réellement importantes, et tout ce qui intéresse l'agriculture.

Dans la classe de 2 centimes, nous comprenons les grains de tout genre, les fourrages, les bois à brûler, bois en grume et charbons de bois, les fontes, les fers à ouvrer et les fers en barre.

La classe à 3 centimes comprend toutes les autres marchandises.

Comparaison du tarif proposé avec celui que demande la Compagnie Générale, et les tarifs actuels des Canaux du Centre et du Nord.

Voici la comparaison du tarif que nous proposons avec ceux : 1° de la Compagnie Générale; 2° des Canaux du Berry et Latéral à la Loire, tels qu'ils sont aujourd'hui perçus; 3° du Canal du Centre; 4° de la com-

(1) *Documents sur les Canaux* (Imprimerie royale, 1840).

mission du ministère des finances. Cette comparaison parlera mieux que tous les raisonnements; nous l'établissons pour les principaux articles.

MARCHANDISES PRINCIPALES.	TARIF				
	PROPOSÉ pour le fermage des Canaux du Centre.	PROPOSÉ par la Compagnie Générale.	CANAUX du Berry et Latéral à la Loire.	CANAL du Centre.	COMMISSION des finances
Houille	1c	1c ½	1c	1c	1c
Coke	1	2 ½	1 ½	2	1
Minerai de fer	1	1	1 ½	2	1
Charbon de bois	2	4	3	2	2
Bois à brûler	2	4	2 ½	2	2
Bois de charpente	3	4	3 ½	2	2
Plâtre, chaux	1	1 ⅓	2	1	1
Froment et autres grains	2	4	3	4	3
Farines	3	5	4 ½	4	3
Sel	3	4	3	4	3
Produits chimiques	3	3	3	4	3
Savon, suif	3	5	4	4	3
Fonte non ouvrée	2	4	3	4	2
Fonte ouvrée	2	5	3	4	2
Fers	2	5	3	4	2
Vins	3	5	5	4	3
Liqueurs	3	5	5	4	3
Objets manufacturés	3	5	5	4	3

Quant aux dispositions réglementaires, elles s'expliquent d'elles-mêmes, et sont pour la plupart, d'ailleurs, empruntées aux tarifs existants sur les autres Canaux.

PROJET DE SOUMISSION.

ARTICLE 1er.

Canaux affermés.

L'Etat afferme à MM.
les Canaux dont les noms suivent, avec toutes leurs dépendances :

1° *Le Canal du Centre;*
2° *Le Canal du Nivernais* ;
3° *Le Canal Latéral à la Loire* ;
4° *Le Canal du Berry*.

ART. 2.

Durée du bail.

La durée du bail est fixée à soixante ans.

ART. 3.

Remise des canaux à la Compagnie. Etat descriptif.

Les Canaux seront remis à la Compagnie fermière, par des agents désignés par l'Etat, lesquels, conjointement ou contradictoirement avec des agents en pareil nombre désignés par la Compagnie fermière, dresseront l'état descriptif des Canaux et de tous leurs ouvrages et dépendances. Ces états contiendront notamment l'énonciation de toutes celles des réparations à faire aux ouvrages actuels, qui seront imputables au compte de travaux neufs; ils seront dressés et signés en deux exemplaires pour chaque Canal; l'un de ces états restera dans les mains de l'Etat, et l'autre dans les mains de la Compagnie fermière.

ART. 4.

Somme affectée aux travaux d'amélioration.

La Compagnie fermière s'oblige à dépenser, dans l'intervalle de douze ans, une somme de douze millions en travaux d'amélioration et d'agrandissement sur les quatre Canaux précités. Au nombre de ces travaux est notamment comprise une rigole destinée à amener au point de partage du Canal de Berry les eaux de l'Allier.

La Compagnie aura deux années pour faire ses études, dresser ses plans et les soumettre à l'administration. Une fois les plans approuvés, les dépenses en travaux d'amélioration ne pourront être moindres de 1,200,000 francs par an ; en tout cas, dans le délai de douze années ci-dessus stipulé, la somme de 12,000,000 francs devra avoir été dépensée en travaux d'amélioration.

Travaux à la charge de l'État.

L'Etat s'oblige, de son côté, à mettre les cours d'eau qui servent de débouchés aux quatre Canaux ci-dessus, sur Paris, en complet état de navigabilité, dans le délai de six années.

Pour l'exécution des travaux neufs, comme pour ceux d'entretien, la Compagnie fermière aura le droit d'expropriation pour cause d'utilité publique, et jouira des droits accordés aux entrepreneurs de travaux publics pour les extractions et transports de matériaux ; tous ses actes ne seront passibles que du droit fixe d'un franc.

Art. 5.

Rachat des actions de jouissance.

La Compagnie fermière prend en outre, à sa charge, le rachat des actions de jouissance des *quatre Canaux*. Ce rachat ne pourra avoir lieu que suivant les formes prescrites par la loi du 29 mai 1845. La Compagnie fermière est mise au lieu et place de l'État pour procéder à l'exécution de cette loi.

Droits réservés à l'État.

Néanmoins, le ministre des finances conservera le droit qui lui est réservé par l'article 2 de ladite loi, de nommer trois des membres du tribunal arbitral, trois autres membres devant, conformément au même article, être nommés par les porteurs des actions de jouissance à exproprier, et les trois autres par le premier président et les présidents réunis de la cour d'appel de Paris.

Le ministre des finances aura le droit de déléguer un agent pour assister à la discussion devant le tribunal arbitral, toutes les fois que le tribunal entendra soit la Compagnie fermière, soit les représentants des porteurs des actions de jouissance, soit toute autre personne appelée pour fournir des renseignements. Cet agent du ministre des finances pourra présenter toutes les observations et tous les contredits qui lui paraîtront utiles dans l'intérêt d'une juste appréciation de la valeur des actions de jouissance.

Art. 6.

Service de la Compagnie des *quatre Canaux*.

Le Gouvernement continuera à faire à la Compagnie actuellement dite des *quatre Canaux* le service des intérêts, prime et amortissement des capitaux fournis par cette Compagnie pour l'établissement desdits Canaux, conformément à la loi du 14 août 1822.

En vue de l'éventualité prévue à l'article 8 du cahier des charges joint à ladite loi, la Compagnie fermière dressera le compte des produits bruts et des dépenses de toute nature pour les trois Canaux du *Berry*, du *Nivernais* et *Latéral à la Loire*, et l'Etat fera le même compte pour les produits bruts et les dépenses de toute nature faites sur les Canaux de *Bretagne*; et s'il résulte du rapprochement de ces comptes qu'il y a lieu d'accélérer les amortissements de la Compagnie des *quatre Canaux*, l'État et la Compagnie fermière fourniront leur part de ces accélérations dans la proportion résultant des comptes ci-dessus.

Droits réservés à cette Compagnie.

Pour donner à la Compagnie des *quatre Canaux* les éléments nécessaires à la discussion du droit éventuel dont il vient d'être parlé, la Compagnie fermière sera tenue de remplir, vis-à-vis d'elle, les prescriptions du paragraphe premier de l'article 10 du cahier des charges joint à la loi du 14 août 1822.

La loi qui, conformément aux articles 7 et 8 de la loi du 29 mai 1845, doit intervenir après le jugement du tribunal arbitral sur la valeur des actions de jouissance pour rendre le rachat de ces actions définitif et fixer les effets de l'expropriation, constituera, si elle ratifie ledit jugement arbitral, l'indépendance complète de la Compagnie fermière vis-à-vis de la Compagnie des *quatre Canaux*, sauf l'observation par la Compagnie fermière des paragraphes 2 et 3 du présent article.

ART. 7.

Garantie de l'État.

L'État garantit à la Compagnie fermière l'intérêt à raison de 5 p. 0/0, et l'amortissement à raison de 3/4 p. 0/0 :

1° Des 12 millions qu'elle s'engage à dépenser en travaux d'amélioration des Canaux, sans que, dans aucun cas, la somme à payer par l'État annuellement pour cette partie de sa garantie, puisse dépasser 690,000 francs ;

2° De la somme à laquelle aura été fixée définitivement, suivant les prescriptions des articles 7 et 8 de la loi du 29 mai 1845, la valeur des *Actions de jouissance des quatre Canaux.*

En tout cas, la Compagnie fermière aura un délai d'au moins une année pour réunir les fonds nécessaires à cette seconde partie de ses engagements.

Les actions de jouissance seront remises à l'administration des finances à mesure de leur rachat, pour être annulées.

Si les recettes des Canaux ne couvraient pas les frais de leur entretien, administration et perception, l'État couvrira le déficit constaté. Toutefois, la somme consacrée par la Compagnie à ses frais d'entretien, administration et perception, ne devra pas dépasser 2 francs par mètre courant de Canal, ou du moins la garantie de l'État ne s'étend pas au-delà.

Si, pendant cinq années, les recettes des Canaux n'avaient pas couvert leurs dépenses, l'État et la Compagnie fermière auront respectivement le droit de demander la résiliation du bail, et, dans ce cas, la Compagnie devra être couverte de tous ses engagements, et remboursée de toutes ses dépenses en travaux d'amélioration.

Si les Canaux affermés étaient dévastés par des crues extraordinaires, les réparations extraordinaires qui en seront la suite seront à la charge de l'État.

L'État demeurera créancier des sommes qu'il aura pu avancer en vertu de ce qui précède, pour en être remboursé ainsi qu'il sera dit à l'article 15.

ART. 8.

Etablissement des comptes entre la Compagnie et l'Etat.

Pour l'exécution de l'engagement ci-dessus contracté par l'Etat, il sera procédé comme il suit :

On établira d'une part, le compte des produits bruts de toute nature des Canaux affermés, et de l'autre, le compte de tous les frais d'administration, exploitation et entretien.

Si, défalcation faite de ces frais sur les produits bruts, il ne reste pas un produit net suffisant pour parfaire aux capitaux employés par la Compagnie, 5 p. 0/0 d'intérêt et 3/4 p. 0/0 d'amortissement, l'Etat complétera ces 5 3/4 p. 0/0.

La Compagnie aura le droit de compter dans les frais d'administration les intérêts et commissions qu'elle aura pu payer pour son fonds de roulement ; ces intérêts et commissions ne devront pas toutefois excéder, par an, 60,000 francs.

En outre, si la Compagnie dépassait, pour des travaux approuvés par l'Etat, en amélioration des Canaux, la somme ci-dessus de 12 millions, elle aura le droit de porter dans ses prélèvements sur les produits bruts, les intérêts et amortissements des sommes qu'elle aurait dû emprunter ; ces emprunts, d'ailleurs, devront avoir été préalablement approuvés par l'Etat.

ART. 9.

Constitution de la société anonyme.

La Compagnie fermière se constituera en société anonyme au capital nécessaire pour :

1° Racheter les actions de jouissance;

2° Fournir les 12 millions nécessaires pour l'amélioration des Canaux;

3° Se constituer un fonds de roulement de 1 million.

La Compagnie sera, par son acte constitutif, autorisée à contracter les emprunts nécessaires, soit à la formation de son fonds social si elle voulait l'émettre en tout ou en partie sous forme d'obligations, soit à la réunion des fonds nécessaires à des travaux d'amélioration approuvés par l'Etat et dépassant les 12 millions ci-dessus.

ART. 10.

Mode d'administration. Contrôles de l'Etat.

La Compagnie fermière administrera, construira, entretiendra et percevra par des agents de son choix, mais toutefois sous le contrôle du ministre des travaux publics, pour ce qui touche aux travaux d'amélioration ou de réparations extraordinaires, et sous celui du ministre des finances, pour ce qui concerne les perceptions; ces contrôles s'exerceront aux frais de l'Etat.

La Compagnie fermière s'oblige à tenir les Canaux en bon état d'entretien. Les frais des tournées des ingénieurs délégués par le Ministre des travaux publics pour constater annuellement l'état de l'entretien seront à la charge de la Compagnie fermière.

Les divers agents de la Compagnie pourront être assermentés et dresser procès-verbal.

La Compagnie pourra faire les chargements, déchargements et manutentions de marchandises, mais sans pouvoir imposer ses services au public.

ART. 11.

Règlements de police, navigation et chômages.

La Compagnie fera les règlements d'administration intérieure, d'entretien, de constructions neuves, de police, de stationnement sur le Canal et sur les ports, gares et dépendances de toute nature, de perception, de circulation sur les Canaux affermés et de marine; ces divers règlements ne seront obligatoires que par l'approbation du Ministre des travaux publics.

Quant aux arrêtés relatifs au chômage des Canaux, ils ne pourront être pris qu'après que la Compagnie aura été entendue.

ART. 12.

Clauses relatives aux perceptions.

Les perceptions de la Compagnie fermière auront lieu conformément au tarif ci-annexé.

Ce tarif ne pourra être augmenté que du consentement de la Compagnie et par une loi spéciale.

Il ne pourra être diminué que sur la proposition de la Compagnie et du consentement de l'Etat.

Il ne sera pas perçu de dixième en sus du tarif.

Obligation par la Compagnie de ne pas faire de faveurs.

La Compagnie contracte l'obligation formelle de percevoir également les taxes sur toutes les personnes ou marchandises circulant sur les Canaux affermés, de ne consentir (sauf ce qui est prescrit par le paragraphe qui suit) de faveur de tarif, ou de taxes différentielles ou d'exemptions, décharges ou facilités de payements pour qui que ce soit, sous peine d'amendes à juger par les tribunaux, et qui ne pourront être moindres de dix fois les perceptions indûment consenties. Pour assurer l'exécution de cette disposition, la Compagnie fermière contracte l'obligation de tenir toujours à la disposition de messieurs les inspecteurs des finances, ou tous autres fonctionnaires délégués par le Ministre des finances, ses livres et registres de correspondance et de perception. Ces examens devront avoir lieu sans déplacement.

Ni de consentir des taxes différentielles sans publicité et sans autorisation.

Dans le cas où il paraîtrait nécessaire d'accorder à certains produits des réductions particulières de tarifs, la Compagnie fermière ne pourra établir ces taxes différentielles qu'après avoir donné la plus grande publicité possible à sa demande, après enquête locale faite suivant les formes réglées par l'administration des finances, et après approbation de cette administration, tous intérêts contraires entendus.

Art. 13.

Obligation de ne pas faire de marine.

La Compagnie s'oblige à ne pas se faire entrepreneur de transports, ni à s'intéresser directement ni indirectement dans aucune entreprise de transports, sauf l'établissement par elle de services accélérés pour les voyageurs et pour les marchandises, sous les conditions du tarif.

Ni de faire des conventions avec d'autres entreprises sans publicité et sans autorisation.

La Compagnie s'interdit formellement toute association ou convention secrète avec toute autre entreprise ou Compagnie de Canal, de chemin de fer ou de transport, relativement aux tarifs et prix de transport, comme aussi toute combinaison ayant pour but sa fusion avec d'autres Compagnies. Ces associations ou conventions, si la Compagnie fermière les juge utiles à ses intérêts, ne pourront avoir lieu que du consentement de l'administration supérieure, après enquête locale et tous intérêts contraires entendus.

ART. 14.

Produits accessoires.

La Compagnie fermière aura tous les produits accessoires des Canaux, et de leurs domaines et dépendances.

Elle pourra couper les bois plantés le long des Canaux, mais quant aux bois tendres, seulement, quand ils auront atteint un mètre de tour à un mètre du sol, ou quand ils auront vingt-cinq ans d'âge. Tous les bois morts seront remplacés, ainsi que tous les bois coupés, par la Compagnie, à ses frais. Des conventions amiables entre l'administration des finances et la Compagnie pourront modifier ces stipulations.

La Compagnie pourra concéder des prises d'eau; mais elle ne pourra en stipuler le payement qu'en redevances annuelles. Elle sera substituée à l'Etat dans les concessions de ce genre ou tout autre qui auraient pu être consenties.

ART. 15.

Partage des produits.

L'Etat aura droit à la moitié du produit net des Canaux affermés.

A cet effet, sur les produits bruts dont le compte devra être fourni par chaque Canal, on prélèvera :

1° Les frais d'administration, entretien et perception ;

2° 5 p. 0/0 de la partie réalisée du fonds social de la Compagnie fermière ou des emprunts qu'elle aurait contractés ;

3° 3/4 p. 0/0 d'amortissement ;

4° Les sommes que la Compagnie fermière pourrait être appelée à payer à la Compagnie des *quatre Canaux*, ainsi qu'il est dit au paragraphe 2 de l'article 6 ci-dessus ;

5° Les sommes qui auraient pu être avancées par le trésor, dans les années précédentes, à titre de garantie, ou pour cause d'insuffisance de recettes, ou par suite de crues extraordinaires qui auraient dévasté les Canaux.

Le surplus sera partagé par moitié entre l'Etat et la Compagnie fermière.

Le compte de partage et le partage auront lieu dans le premier semestre de chaque année pour l'année écoulée. Les années courront du 1er septembre d'une année au 31 août de la suivante.

ART. 16.

Contrôle sur les opérations financières.

Le contrôle de l'Etat sur les opérations financières de la Compagnie s'exercera, pour l'exécution de l'article 15 ci-dessus, suivant les formes qui seront tracées par un règlement d'administration publique.

ART. 17.

Rendue des canaux à l'Etat.

A l'expiration du bail, les fermiers rendront les Canaux à l'Etat, sans avoir droit à aucune indemnité dans le cas où leurs capitaux ne seraient pas entièrement amortis. Les Canaux, leurs domaines et dépendances devront être rendus en bon état d'entretien.

L'Etat aura le droit de faire constater, contradictoirement avec la Compagnie, cinq ans avant l'expiration de son bail, la situation des Canaux affermés, et de prendre alors, la Compagnie entendue et sauf son recours administratif, les mesures qu'il jugera utiles dans l'intérêt de la mise en bon état d'entretien.

ART. 18.

Exemption d'impôt.

Conformément à l'article 12 du cahier des charges joint à la loi du 14 août 1822, les Canaux affermés seront exempts de toutes contributions.

ART. 19.

Rachat du bail.

Le Gouvernement aura, mais seulement après vingt années, le droit de racheter le présent bail. Pour fixer le prix du rachat, on prendra le revenu des sept années précédentes, et on en déduira les deux plus faibles. Le chiffre moyen résultant de cette opération constituera l'annuité à payer à la Compagnie pendant tout le temps restant à courir sur son bail.

ART. 20.

Cautionnement.

La Compagnie fermière fournira en argent ou en effets publics un cautionnement de **300,000** fr. Ce cautionnement lui sera rendu lorsqu'elle justifiera avoir effectué pour **600,000** fr. de travaux neufs ou acquisitions de terrains pour ces travaux, ou bien lorsqu'elle aura remis à l'administration des finances pour **600,000** fr. d'actions de jouissance.

ART. 21.

…ection de domicile.

La Compagnie fermière élit son domicile à Paris.

ART. 22.

Attribution de juridiction.

Les contestations entre l'État et la Compagnie fermière seront jugées par le Conseil de préfecture de la Seine, avec recours au Conseil d'Etat.

ART. 23.

Clause transitoire.

Le présente convention ne sera définitive que si, après le jugement rendu par le tribunal arbitral, conformément aux articles **1** à **6** de la loi du **29** mai **1845**, il intervient une loi spéciale fixant définitivement le prix du rachat des actions de jouissance de la Compagnie des *quatre Canaux*, et fixant aussi les effets de l'expropriation, y compris les stipulations de l'art. **6** ci-dessus.

PROJET DE TARIF.

Les perceptions auront lieu au kilomètre et par tonne de 1,000 kilogrammes, sauf les exceptions ci-dessous mentionnées.

Tout kilomètre commencé sera compté comme kilomètre parcouru.

Toute fraction de tonne sera comptée comme une tonne.

1re classe, 1 centime.

Houille et coke, minerai de fer, castine, pierre à plâtre et à chaux, moellon, meulière, cailloux, terres et sables;

Scories, vieille ferraille, vieille fonte;

Tourbe, engrais de toute sorte, fumiers;

Amendements, argile, compost, marne, plâtre, chaux.

2e classe, 2 centimes.

Grains de toute espèce;

Foin, paille, fourrages, pommes de terre, betteraves, légumes frais, arbres et plantes;

Tuiles, briques, ardoises;

Bois à brûler et charbon de bois, bois en grume, charbonnettes, fagots, écorces, tan, tannin;

Fontes ouvrées et non ouvrées;

Fers en barres, rails, massiots, fafiots, boulets.

3e classe, 3 centimes.

Toute marchandise non dénommée dans les classes précédentes.

Par mètre cube d'assemblage, sans déduction des vides.

Trains de bois de charpente......... 2 c. 1/2
Trains de bois à brûler.............. 1 1/2

Voyageurs, par personne.

1re classe............................ 2 c.
2e classe.............................. 1

Bétail, par tête.

Bœufs, vaches, taureaux, mulets, bêtes de trait.......... 3 c.
Veaux, porcs, moutons, brebis, chèvres................ 1

DISPOSITIONS RÉGLEMENTAIRES DU TARIF.

1. Tout bateau chargé qui stationnera, contrairement au règlement de police, payera 5 centimes par mètre carré et par jour.

2. Tout bateau vide, dans le même cas, payera 1 fr. par jour d'amende.

3. L'entrée et la sortie du bassin du Canal du Centre se payeront 1 fr. par bateau.

4. Sur les ports et gares, et sur les parties des berges des Canaux où des déchargements et stationnements de marchandises auront été autorisés, il sera perçu par mètre carré de terrain occupé, et par jour, après dix jours de stationnement, 1 centime pour les marchandises de première classe, 2 centimes pour les autres.

5. Les poinçons, tonneaux vides et bascules vides, payeront 1/2 centime par pièce et kilomètre.

6. Les bascules à poisson seront imposées en raison de leur volume extérieur en mètres cubes; chaque mètre cube payera 2 centimes par kilomètre.

7. Les bateaux entièrement vides seront exempts de droits. Toutefois, les bateaux remontant le Canal Latéral payeront 1/2 centime par tonne de

capacité possible et par myriamètre, s'ils ne justifient pas avoir descendu le Canal à charge.

8. Les bateaux chargés de marchandises donnant lieu à la perception de droits différents seront soumis au droit supérieur, à moins que les marchandises passibles de ce droit ne forment pas le dixième du chargement entier, auquel cas chaque taxe sera appliquée séparément.

9. Les marchandises transportées sur les bateaux à voyageurs payeront le double du tarif.

10. Il sera ajouté, au poids reconnu, 200 kilogrammes pour chaque voyageur qui serait descendu du bateau avant la vérification.

11. Les trains chargés de marchandises payeront double droit, comme train, et les marchandises qu'ils porteront payeront aussi double droit.

12. Les présentes dispositions règlementaires pourront être revisées et complétées tous les cinq ans, sur la demande de la Compagnie, et l'administration pourra y ajouter les dispositions et taxes propres à mieux assurer la police et le bon ordre sur les Canaux affermés et leurs dépendances, et à rémunérer la Compagnie des services rendus par elle qui auraient été omis ici.

ANNEXES.

ANNEXE N° 1.

Documents sur les Canaux qui font l'objet de la proposition de la Compagnie des porteurs des actions de jouissance (*Extraits des publications officielles de l'administration des finances, de l'ouvrage de M. Pillet-Will sur les Canaux, du rapport de M. le comte Daru, président de la Commission des Canaux.*)

1° Documents généraux. — Longueurs. — Nombre d'écluses. — Frais d'établissement.

DÉSIGNATION DES CANAUX.	LONGUEURS.	ÉCLUSES.	DÉPENSES DE PREMIER ÉTABLISSEMENT. AVANT les emprunts.	EMPRUNTS.	Sur LES FONDS du trésor.	TOTAL au 31 déc. 1846.
	m.		fr.	fr.	fr.	fr.
Canal de Bourgogne.......	242,044	191	13,663,464	25,000,000	14,871,000	53,534,464
— du Rhône au Rhin...	350,922	167	11,021,303	10,000,000	10,628,500	31,649,803
— Latéral à la Loire...	203,729	42	»	12,000,000	20,585,600	32,585,600
— du Centre..........	116,859	81	9,870,000	»	»	9,870,000
— du Berry...........	320,183	115	2,667,572	12,000,000	11,144,000	25,811,572
— du Nivernais........	174,616	114	5,500,000	8,000,000	19,500,000	33,000,000
— d'Arles à Bouc......	47,338	4	3,667,345	5,500,000	2,318,500	11,485,845
— d'Ille-et-Rance......	84,797	48	6,000,000	6,047,000	2,193,000	14,240,000
— de Nantes à Brest...	366,778	234	1,500,000	28,625,800	16,324,000	46,449,800
— de Blavet..........	59,568	28	3,413,306	1,327,200	670,000	5,410,506
	1,968,834	1,024	59,302,990	108,500,000	98,234,600	266,037,590

2° Conditions pour les emprunts, intérêts, amortissements, actions de jouissance.

CANAUX.	EMPRUNTS.	DATE DU PAYEMENT de la première annuité.	TAUX de l'intérêt	MONTANT de L'INTÉRÊT	AMORTISSEMENT.	PRIME invariable de 1/2 %.	TOTAL des ANNUITÉS que paye le gouvernement.	DATE de la fin de L'AMORTISSEMENT.	ACTIONS DE JOUISSANCE. NOMBRE.	ACTIONS DE JOUISSANCE. DURÉE des jouissances.
			fr. c.	fr.	fr.	fr.	fr.			
Latéral à la Loire.........	12,000,000	1er avril 1831...	5 17	620,400	120,000	60,000	800,000	1er octobre 1866.	68,000	40 ans.
Du Berry.................	12,000,000	d°	5 31	637,200	120,000	60,000	817,200	1er avril 1866...		
Du Nivernais..............	8,000,000	1er avril 1830....	5 28	422,400	80,000	40,000	542,400	1er avril 1865...		
De Bretagne..............	36,000,000	1er avril 1833...	5 62	2,023,200	360,000	180,000	2,563,200	1er avril 1867...		
TOTAUX.......	68,000,000			3,703,200	680,000	340,000	4,723,200			
Rhône au Rhin............	10,000,000	1er janvier 1828..	6 »	600,000	200,000	»	800,000	30 juin 1858....	10,000	99 ans.
De Bourgogne.............	25,000,000	1er avril 1833...	5 10	1,275,000	250,000	125,000	1,650,000	1er octobre 1868.	27,200	40 ans.
Arles à Bouc..............	5,500,000	1er avril 1829...	5 12	281,600	55,000	27,500	364,100	1er octobre 1864.	5,500	40 ans.
	108,500,000			5,859,800	1,185,000	492,500	7,537,500			

3° *Dépenses des Canaux.*

	1844.	1845.	1846.	1847.	1848.
	fr.	fr.	fr.	fr.	fr.
Canal de Bourgogne............	627,241	679,972	642,389	620,402	616,302
Canal du Rhône au Rhin	684,246	878,086	756,984	726,796	691,786
Canal Latéral à la Loire........	501,701	429,681	682,983	734,842	511,230
Canal du Nivernais.............	389,911	403,630	566,671	410,905	384,756
Canal de Berry................	384,484	378,181	475,710	556,077	540,726
Canaux de Bretagne............	1,116,757	707,632	722,598	669,537	523,843
Canal d'Arles à Bouc...........	210,523	87,582	84,243	93,888	94,738
Canal du Centre...............	260,734	327,575	221,295	230,323	219,300
TOTAUX..........	4,175,597	3,892,339	4,152,673	4,042,770	3,582,681

4° *Recettes des Canaux.*

	1844.	1845.	1846.	1847.	1848.
	fr.	fr.	fr.	fr.	fr.
Canal de Bourgogne............	1,128,935	1,388,589	1,500,972	1,505,115	916,318
Canal du Rhône au Rhin........	796,985	910,171	1,077,450	1,132,787	578,092
Canal Latéral à la Loire........	533,341	599,652	477,855	798,535	457,318
Canal du Nivernais............	121,660	172,246	200,635	226,775	184,072
Canal du Berry................	221,162	372,772	631,192	797,255	547,566
Canaux de Bretagne............	129,832	156,892	176,329	160,126	121,821
Canal d'Arles à Bouc...........	166,223	242,915	263,846	220,836	153,275
Canal du Centre...............	284,410	299,421	313,081	326,061	234,564
TOTAUX..........	3,382,566	4,142,656	4,641,360	5,167,488	3,193,024

ANNEXE N° 2.

LOI DU 29 MAI 1845.

ARTICLE 1er.

Les droits attribués aux Compagnies par les lois des 5 août 1821 et 14 août 1822, représentés par les actions de jouissance des Canaux exécutés par voie d'emprunt, pourront être rachetés par l'État, pour cause d'utilité publique. Ces rachats ne pourront s'opérer, pour chaque Compagnie, qu'en vertu de lois spéciales.

ARTICLE 2.

Le prix du rachat sera fixé par une commission spéciale, instituée pour chaque Compagnie par une ordonnance royale, et composée de neuf membres, dont trois seront désignés par le ministre des finances, trois par la Compagnie, et trois par le premier président et les présidents réunis de la cour royale de Paris.

ARTICLE 3.

Les trois membres dont le choix est réservé à la Compagnie seront élus dans la forme établie par ses statuts pour la nomination des directeurs et administrateurs.

ARTICLE 4.

Si, dans le délai de deux mois, à partir de la mise en demeure, la Compagnie n'a pas nommé les trois membres dont le choix lui appartient, le premier président et les présidents réunis de la cour royale de Paris y pourvoiront d'office, à la requête du ministre des finances.

ARTICLE 5.

La commission, en se constituant, élira, à la majorité des voix, son président et son secrétaire.

Elle ne pourra délibérer si elle ne compte au moins sept membres présents.

La constitution de la commission sera notifiée à la Compagnie, en la personne de ses directeurs et administrateurs.

ARTICLE 6.

Si, pendant trois séances consécutives, les trois membres nommés par la Compagnie ou par le ministre des finances s'abstenaient de prendre part aux délibérations de la commission, il sera pourvu à leur remplacement conformément à l'article 4.

ARTICLE 7.

Après que la commission aura prononcé, le rachat ne deviendra définitif qu'en vertu d'une loi spéciale qui ouvrira, s'il y a lieu, les crédits nécessaires, et qui devra être proposée aux Chambres dans l'année qui suivra la décision.

Toutefois, si dans l'année il n'intervient pas de loi portant allocation des crédits nécessaires pour le rachat des droits attribués à une Compagnie, le rachat ne pourra plus avoir lieu qu'en vertu d'une loi nouvelle.

ARTICLE 8.

Les lois spéciales présentées en vertu de la présente loi fixeront le mode de payement des actions de jouissance, et détermineront les effets de l'expropriation.

ANNEXE N° 3.

EXTRAIT DU CAHIER DES CHARGES DE LA COMPAGNIE DES QUATRE CANAUX.

ARTICLE 7.

A dater de l'époque où le Canal sera complétement navigable de l'une de ses extrémités à l'autre, les recettes du péage, celles des fermages et des locations d'usines établies ou à établir, les revenus provenant de la plus-value des terrains desséchés par les travaux de navigation, le produit de la vente des arbres et des herbes, celui des concessions d'eau pour arrosements, et en général les revenus de toute nature du Canal, de son domaine et de ses dépendances, seront exclusivement consacrés,

1° A l'acquittement des frais de perception, de surveillance et d'administration;

2° A l'entretien des ouvrages et aux réparations tant ordinaires qu'extraordinaires;

3° Au service des intérêts, de la prime et de l'amortissement.

Si ces revenus et produits ne suffisent pas pour pourvoir à ces diverses dépenses, le Gouvernement s'oblige à y suppléer par des sommes complémentaires imputées annuellement sur le budget du ministère de l'intérieur, chapitre des ponts et chaussées; et, à cet effet, des ordonnances du trésor seront émises en temps utile pour que les payements puissent être effectués régulièrement et sans retard, aux époques convenues.

Article 8.

Dans les années où l'ensemble des produits excédera tous les prélèvements stipulés dans l'article précédent, le fonds d'amortissement s'accroîtra de tout l'excédant, et, sous aucun prétexte, il ne sera fait une distraction quelconque pour une autre destination.

Article 9.

Lorsque, par l'action progressive de l'amortissement, la Compagnie se trouvera complétement remboursée de ses avances, il sera fait annuellement un partage égal du produit net entre le Gouvernement et la Compagnie. Ce partage aura lieu pendant quarante ans, après lesquels le Gouvernement rentrera dans la jouissance pleine et entière de tous les produits du Canal et de ses dépendances.

Article 10.

Il sera tenu, tant pour les recettes que pour les dépenses du Canal, des comptes et des registres particuliers, dont la Compagnie aura droit, en tout temps, de prendre connaissance.

Elle sera d'ailleurs admise à prendre également connaissance des projets, et à présenter les observations qu'elle jugera convenable d'adresser dans l'intérêt de l'exécution et de la conservation des ouvrages, pour être statué ultérieurement par l'administration ce qu'il appartiendra.

Elle pourra se faire assister par un ingénieur des ponts et chaussées en retraite, et même par un ingénieur en activité ; mais, dans ce dernier cas, le choix de la Compagnie sera soumis à M. le directeur général, qui décidera s'il est possible, sans inconvénient, de distraire du service public un ingénieur en exercice.

Article 11.

Le tarif des droits de péage annexé au présent cahier de charges, et signé par les soumissionnaires, ne pourra être modifié que du consentement mutuel du Gouvernement et de la Compagnie, et, dans tous les cas, il ne pourra être fait audit tarif aucune augmentation qu'en vertu d'une loi.

ARTICLE 12.

Le Canal et ses dépendances ne seront soumis à aucun impôt.

ANNEXE N° 4.

EXTRAIT DE L'ACTE DE SOCIÉTÉ ANONYME DE LA COMPAGNIE DES **QUATRE CANAUX**

De l'Assemblée générale des Actionnaires.

ARTICLE 37.

La généralité des actionnaires sera représentée par les deux cents plus forts d'entre eux, lesquels composeront l'assemblée générale.

ARTICLE 38.

La liste des deux cents plus forts actionnaires sera dressée provisoirement d'après les registres des inscriptions nominatives.

Elle sera rendue définitive par sa combinaison avec la liste des porteurs d'actions non nominatives, qui seront invités, par un avis inséré dans les journaux, à se faire connaître et à déposer leurs titres à la Compagnie un mois avant l'époque fixée pour l'assemblée générale.

ARTICLE 39.

Les trois titres pouvant se négocier séparément, et chaque actionnaire pouvant par conséquent en posséder un nombre inégal, on nivellera les intérêts qu'ils représenteront respectivement, en comptant dix actions de jouissance pour une action de l'emprunt, et quatre coupons de prime pour la même valeur.

ARTICLE 40.

Si plusieurs actionnaires se trouvent avoir parité de titres, et qu'il soit nécessaire de prendre parmi eux pour compléter le nombre de deux cents plus forts actionnaires, il sera fait un tirage au sort, par les soins de l'administration, pour déterminer la préférence.

ARTICLE 41.

Les administrateurs et censeurs assisteront à l'assemblée générale des actionnaires; mais ils ne pourront y voter qu'autant qu'ils feront partie de la liste des deux cents plus forts actionnaires.

ARTICLE 42.

Les actionnaires non domiciliés à Paris qui auront droit d'être admis à l'assemblée générale pourront s'y faire représenter par des fondés de pouvoirs.

ARTICLE 43.

Les actionnaires et les fondés de pouvoirs, présents à l'assemblée, n'auront chacun qu'une voix, quel que soit le nombre d'actions ou de pouvoirs dont ils sont porteurs.

Les fondés de pouvoirs qui seront en même temps personnellement actionnaires n'auront que deux voix.

Paris, impr. de Paul Dupont.

www.ingramcontent.com/pod-product-compliance
Ingram Content Group UK Ltd.
Pitfield, Milton Keynes, MK11 3LW, UK
UKHW020415230726
13925UKWH00004B/1446

9 782014 035377